大人のフィールド図鑑

原寸で楽しむ

身近な木の実・タネ

図鑑＆採集ガイド

理学博士
多田多恵子 著

実業之日本社

目次

木の実図鑑——6

序章
ふしぎでおもしろい木の実……19

1 | 木の実について知ろう——20

サクラ——20

2 | 木の実を見てみよう——21

サクランボ、カキ——21
キウイ、ユズ——22
リンゴ、ラズベリー、ナワシロイチゴ、イチゴ——23
ヤマグワ、イチジク、クリ——24

3 | 種子のつくり——25

カキ、ラッカセイ 25

第1章
街中で見られる木の実……27

イチョウ——28
イヌマキ——29
クロマツ——30
マツボックリの仲間たち 31
カヤ——32
ヤマモモ——33
アカシデ——34
ムクノキ——35
クヌギ——36
ドングリの仲間たち 37
エノキ——38
ユリノキ——39
コブシ——40
クスノキ——42
タブノキ——43
ヒイラギナンテン——44
ナンテン——45
センリョウ——52
ヤブツバキ——53
ヒサカキ——54
ケヤキ——55
モミジバスズカケノキ——56
ウツギ——58
風で飛ぶタネ[1]——59
モミジバフウ——60
トベラ——62
ピラカンサ——63
シャリンバイ——64

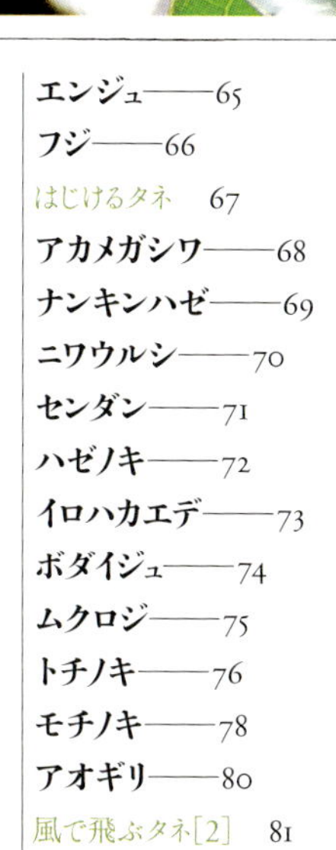

エンジュ――65
フジ――66
はじけるタネ　67
アカメガシワ――68
ナンキンハゼ――69
ニワウルシ――70
センダン――71
ハゼノキ――72
イロハカエデ――73
ボダイジュ――74
ムクロジ――75
トチノキ――76
モチノキ――78
アオギリ――80
風で飛ぶタネ[2]　81
トウグミ――88
イイギリ――89
サルスベリ――90
アオキ――91
ハナミズキ――92
ヤマボウシ――93
エゴノキ――94
動物に運ばれるタネ[1]　95
ヤツデ――102
マンリョウ――103
ネズミモチ――104
クチナシ――105
ムラサキシキブ――106
クコ――107
キリ――108
サンゴジュ――110
シュロ――111

第2章
自然の中で見られる木の実……113

オニグルミ――114
流されていくタネ　115
ハンノキ――116
ツノハシバミ――117
イヌビワ――118
ヤマグワ119
ヤドリギ――120
動物に運ばれるタネ[2]　121
ツクバネ――122
ツクバネウツギ――123
サネカズラ――124
ミツバアケビ――125
サルナシ――126
クサボケ――127
ノイバラ――128
モミジイチゴ――129
ナナカマド――130
ツルウメモドキ――131
ニシキギ――132
マユミ――133
ゴンズイ――134
ミツバウツギ――135
ケンポナシ――136
ハナイカダ――137
クサギ――138
キササゲ――139
ガマズミ――140

第3章

木の実草の実いろいろ

木の実草の実いろいろ……141

1 | 木の実で色がつく――142
2 | 実やタネを使ったもの――144
3 | 実やタネで遊ぼう――146
4 | 実やタネを集めよう――148
5 | 木の実の香りを楽しもう――150
6 | おいしいナッツ――151
7 | 世界の実やタネ――152

索引 154

あとがき 157

コラム

くさい実を食べたの、だ〜れ?……18
木の実の「なり年」はなぜあるのか……26
赤い実の誘惑……46
ふわふわ、くるくる、風に飛ぶタネ
カプセルに遺伝情報、はるかな未来に芽を出す……82
これって実なの? 虫こぶ……84
種子はタイムトラベラー……85
タネでつくろう……86
時空を旅するタネのふしぎ……96
イヌマキの実はおいしい! 甘いこけしのゼリー……100
心も弾むコバルトブルー リュウノヒゲの「竜の玉」……101
種子とクローン……112

図鑑ページの見かた

Ginkgo biloba ……学名

イチョウ……和名

銀 杏（公孫樹、鴨脚樹）……漢字名（漢字別名）

イチョウ科 ❶ / 落葉高木 ❷ / 街路や公園 ❸ / 動物散布 ❹ / 花…4〜5月、実…11月 ❺

❶APG分類体系に基づく科の名
❷植物の生活型
❸生えている場所
❹タネの運ばれ方
❺花がさく時期、実のなる時期

原寸 ……このマークのついている写真は実物大です。

❖この本では、形態学的には実であっても一般的には種子に見えるものはタネと表記しています。
❖本書の一部には原寸表記でないものもあります。

木の実図鑑

動物・鳥が食べる実　赤系

トベラ
P.62
ナナカマド
P.130
ニシキギ
P.132
ナンテン
P.45
ハナミズキ
P.92
ノイバラ
P.128
マユミ
P.133
ピラカンサ
P.63
マンリョウ
P.103
モチノキ
P.78
ヤマボウシ
P.93
イヌマキ
P.29
ヤマモモ
P.33
動物・鳥が食べる実 紫系
クサギ
P.138
ゴンズイ
P.134
サンゴジュ
P.110

サンショウ
P.150
ヤマグワ
P.119
クワ
P.119
ヨウシュヤマゴボウ
P.146
イヌビワ
P.118
クスノキ
P.42
シュロ
P.111
トウネズミモチ
P.104
ネズミモチ
P.104
タブノキ
P.43
ムクノキ
P.35
ヒサカキ
P.54
アカメガシワ
P.68
ハゼノキ
P.72
ヤツデ
P.102
ハナイカダ
P.137

ジャノヒゲ
P.146
ヒイラギナンテン
P.44
シャリンバイ
P.64
コムラサキ
P.106
ムラサキシキブ
P.106
ミツバアケビ
P.125
動物・鳥が食べる実　黄系
イチョウ
P.28
センダン
P.71
モミジイチゴ
P.129
ヤドリギ
P.120
カリン
P.127
クサボケ
P.127
マタタビ
P.126
サルナシ
P.126
エンジュ
P.65

はじける
イスノキ
P.84
ゲンノショウコ
P.67
シナマンサク
P.67
スミレ
P.67
フジ
P.66
ホウセンカ
P.53
水に流されるタネ
オヒルギ
P.115
クロヨナ
P.115
サキシマスオウノキ
P.115
ケルベラ・オドラン
P.153
ハマゴウ
P.150
ハス
P.85
ヒシ
P.115
モダマ
P.153

風に飛ばされるタネ

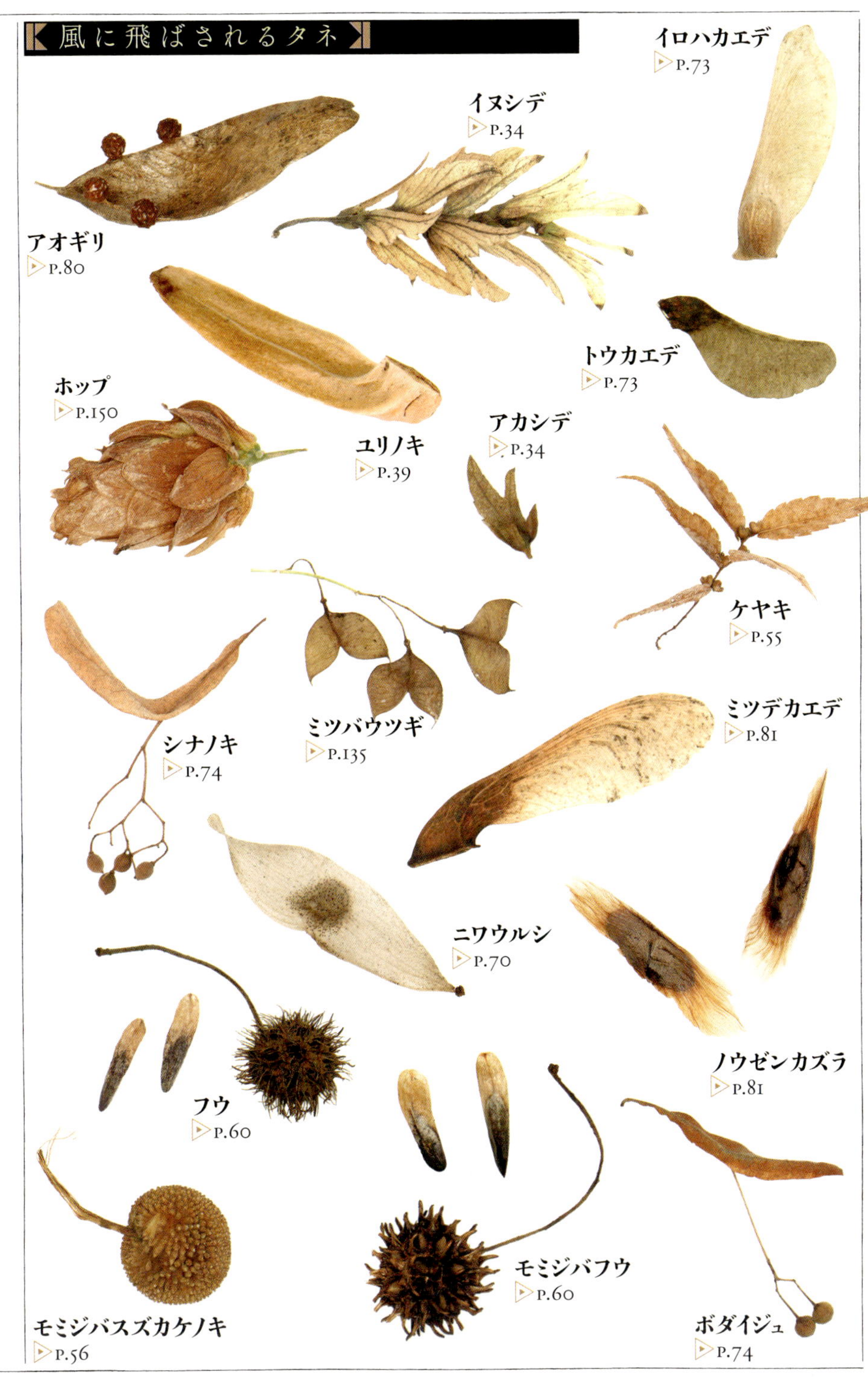
イロハカエデ
P.73
イヌシデ
P.34
アオギリ
P.80
トウカエデ
P.73
ホップ
P.150
ユリノキ
P.39
アカシデ
P.34
ケヤキ
P.55
ミツデカエデ
P.81
シナノキ
P.74
ミツバウツギ
P.135
ニワウルシ
P.70
ノウゼンカズラ
P.81
フウ
P.60
モミジバフウ
P.60
モミジバスズカケノキ
P.56
ボダイジュ
P.74

ハルニレ
P.81
アセビ
P.59
ツクバネ
P.122
ツクバネウツギ
P.123
キリ
P.108
ハナゾノツクバネウツギ
P.123
シラン
P.59
ウツギ
P.58
サルスベリ
P.90
ナンバンギセル
P.59
ナガミヒナゲシ
P.59
テイカカズラ
P.81
ハンノキ
P.116
ビロードモウズイカ
P.85
メマツヨイグサ
P.85

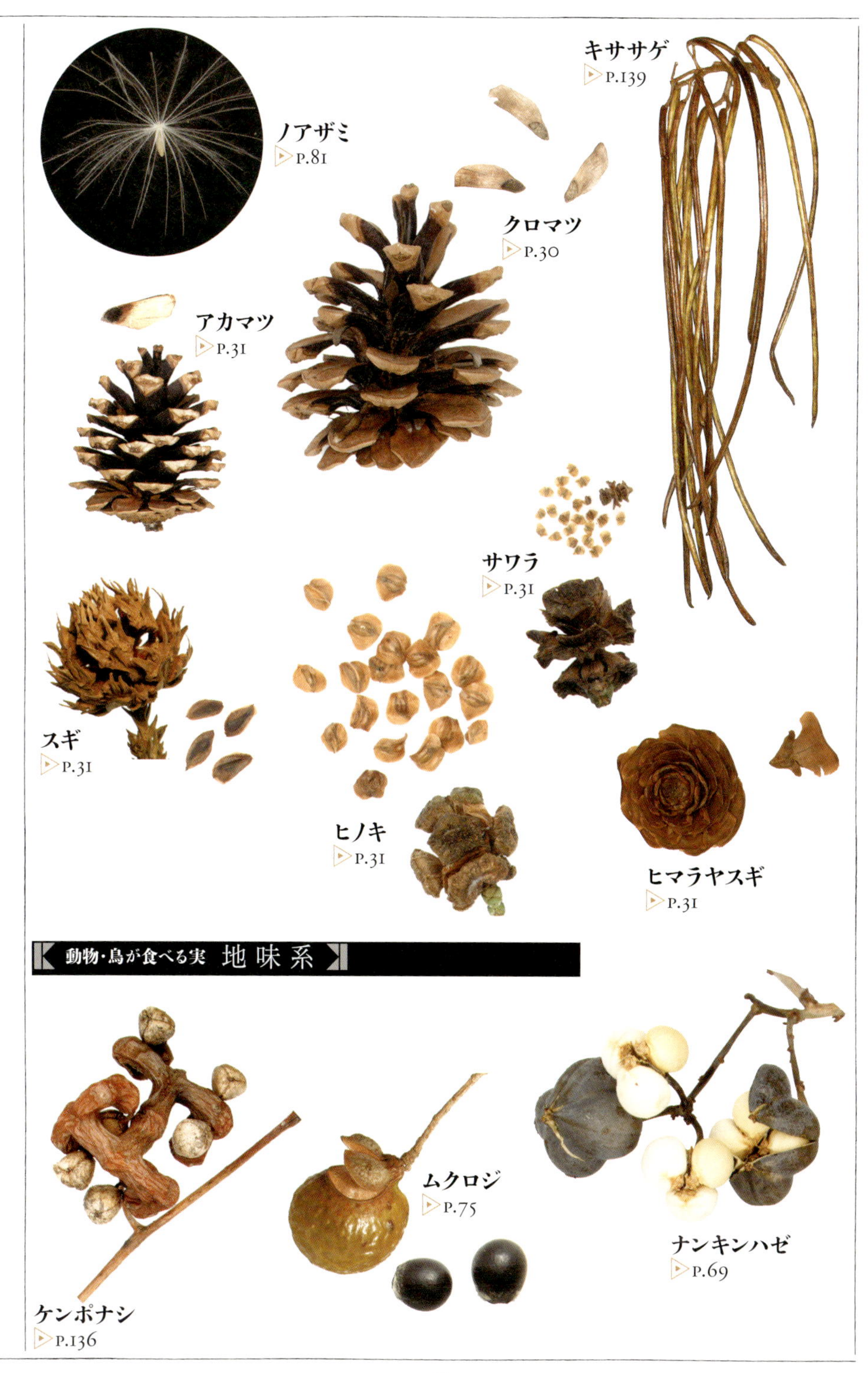
ノアザミ
▷P.81
キササゲ
▷P.139
クロマツ
▷P.30
アカマツ
▷P.31
サワラ
▷P.31
スギ
▷P.31
ヒノキ
▷P.31
ヒマラヤスギ
▷P.31
動物・鳥が食べる実　地味系
ムクロジ
▷P.75
ナンキンハゼ
▷P.69
ケンポナシ
▷P.136

エゴノキ
P.94
チャノキ
P.95
セイヨウトチノキ
P.95
カヤ
P.32
ツノハシバミ
P.117
トチノキ
P.76
オニグルミ
P.114
ヤブツバキ
P.53
アーモンド
P.151
カシューナッツ
P.151
セイヨウハシバミ
P.151
ピーカン
P.151
ピーナッツ
P.151
ヒッコリー
P.152
ピスタチオ
P.151
マカデミア
P.151

アカガシ
P.37
アラカシ
P.37
ウバメガシ
P.37
カシワ
P.37
クヌギ
P.36
オキナワウラジロガシ
P.37
コナラ
P.37
ブナ
P.95
シラカシ
P.37
ナラガシワ
P.37
スダジイ
P.37
ヨーロッパナラ
P.153
ミズナラ
P.26
マテバシイ
P.37

ひっつき虫
イノコヅチ
P.147
キンミズヒキ
P.147
コセンダングサ
P.147
タウコギ
P.147
オオオナモミ
P.147
ダイコンソウ
P.147
ミズヒキ
P.147
チカラシバ
P.147
ハエドクソウ
P.147
外国の木の実
ドラゴンフルーツ
P.152
ベニノキ
P.143
ドリアン
P.153

ロウソクノキ
P.152
ヤツデアオギリ
P.153
フタバガキ
P.153
ショレア
P.153
アルソミトラ
P.153
バンクシア
P.152
ツキイゲ
P.153
ユーカリ
P.152
キバナツノゴマ
P.152
フタゴヤシ
P.153

コラム

くさい実を食べたの、だ〜れ?

ギンナンの謎

秋はギンナンが美味しい季節だ。

イチョウには雌と雄があり、雌株にはギンナン(銀杏)がなる。ギンナンは、拾うときには異臭を放つ黄色い皮をかぶっている。

この皮はくさいだけでなく、アレルゲン物質を含むため、皮膚につくとカブレる。素手でギンナンを拾ったり洗ったりすると、もう大変。手も顔も、ひどくすると手で触った体の粘膜部位が、真っ赤に腫れ上がってしまう。それでこの季節、一人悩んで病院をこっそり訪れる男性患者がふえるのだそうだ。

形はサクランボに似ている。分厚い果肉に堅いタネ。こういう実は、動物が食べてタネを運ぶと考えてまず間違いない。でも、このくさい実を、誰が?

糞の分析から、タヌキやカラスが食べる、という。だが彼らも積極的ではない。

そもそもイチョウは原始的な裸子植物。一億年以上前の中生代ジュラ紀〜白亜紀つまり恐竜時代から姿をほとんど変えていない「生きた化石」なのである。まだ哺乳類も鳥も出現していない太古の昔、いったい誰がこの実を食べていたのだろう?

…そう、恐竜。白亜紀のイチョウの木の下でギンナンを食べてタネを運んでいたのは、おそらく、小型の草食恐竜だったと考える科学者たちもいる。強烈な悪臭も、恐竜にとっては誘惑の香りだったはずだ。しかしその後、恐竜は絶滅し、パートナーを失ったイチョウも衰退していった…。

まだ直接の証拠はない。でも将来、恐竜のお腹のあたり、もしくは糞化石の中から、ギンナンの化石が出てくるかもしれない。そう思うと、わくわくしてくるではないか。

ところで、恐竜はイチョウのくさい実を食べて、かぶれなかったのだろうか。

ギンナン

序章 ふしぎでおもしろい木の実

トチノキ

1　木の実について知ろう

花のつくり

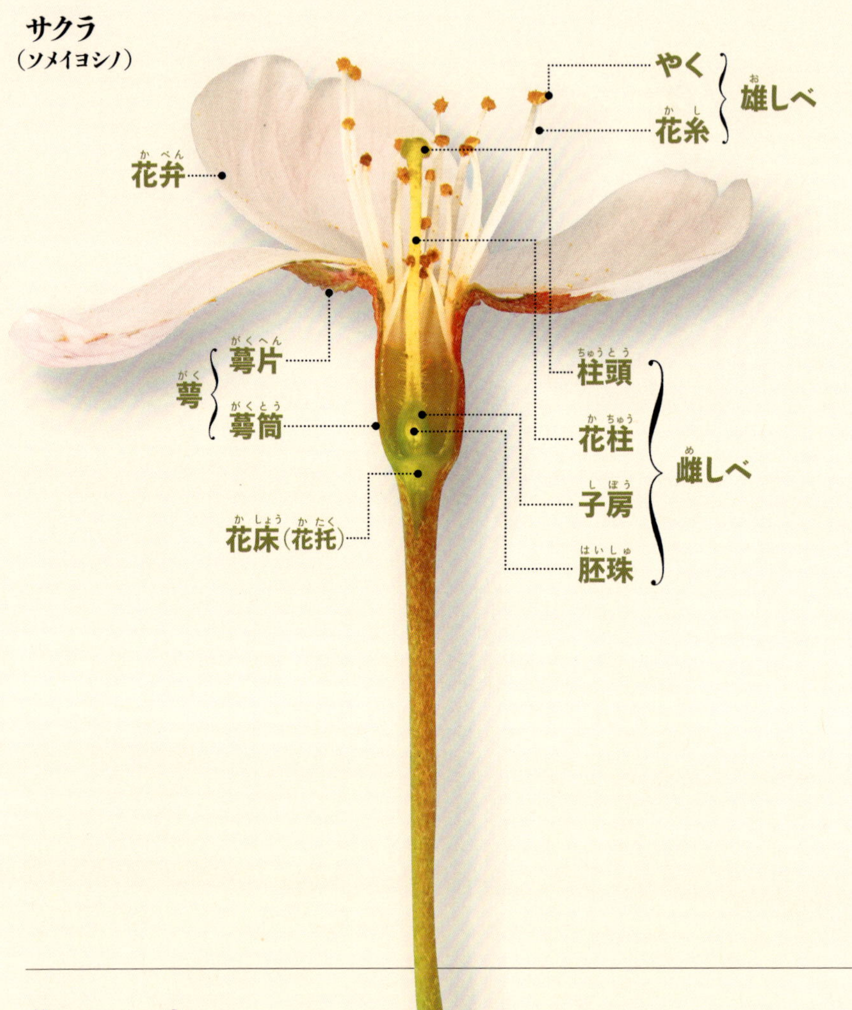

花から実へ

◉花は何のためにさくのでしょう。実を結び、タネをつくる、それが花の目的です。

◉雌しべの柱頭に花粉がつく（＝受粉する）と、花粉からとても細い長い管（花粉管）がのびて、雌しべの花柱の中を進んでいき、子房の中にある胚珠に届きます。この花粉管の中を精核（動物でいう精子にあたる）が移動して、胚珠の中に入ると卵細胞と合体します。これが受精です。受精すると、胚珠は種子に育ちます。そして子房は実（果実）に育ちます。

2　木の実を見てみよう

木の実のつくり

◉私たちはたくさんの種類の木の実を食べて生活しています。しかし、私たちが食べている部分が果実や種子とは限りません。じつは萼が形を変えた部分だったり、もとは花床だったりと、さまざまです。

サクランボ……果実(核果)

花がさいた後に子房が太る。子房の外側の壁が3層に分かれ、外果皮は赤い表面、中果皮は果肉、内果皮はタネの殻になる。サクラやモモのタネは種子そのものではなく、硬い内果皮に包まれた種子(＝核)であり、動物に食べられても消化されにくくできている。

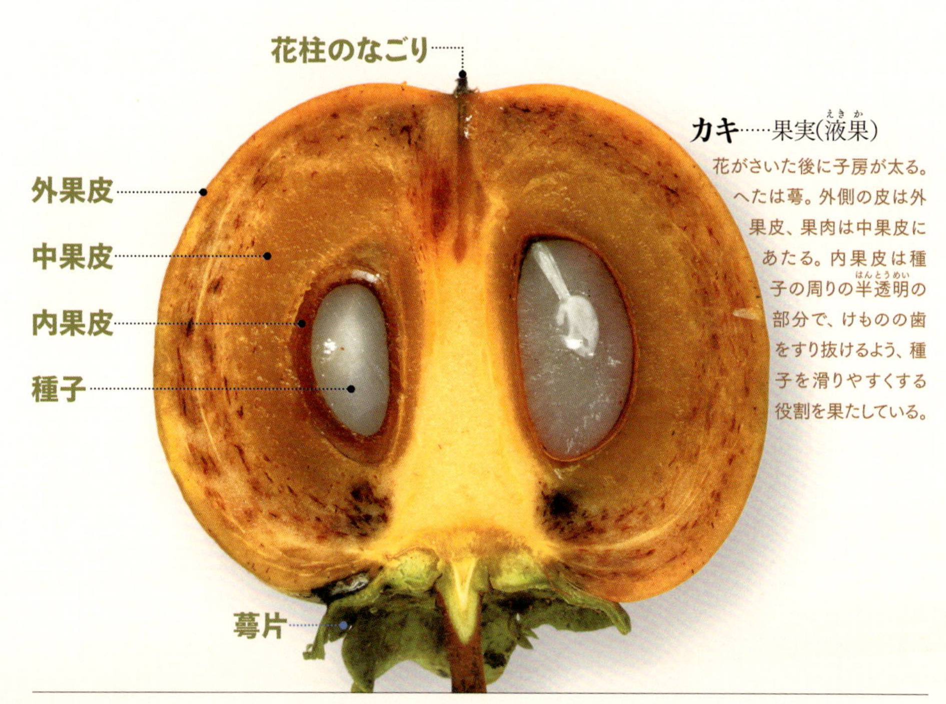

カキ……果実(液果)

花がさいた後に子房が太る。へたは萼。外側の皮は外果皮、果肉は中果皮にあたる。内果皮は種子の周りの半透明の部分で、けものの歯をすり抜けるよう、種子を滑りやすくする役割を果たしている。

キウイ……果実(液果)

花がさいた後に子房が太る。毛深い皮が外果皮。中果皮と内果皮は両方とも緑色のみずみずしい果肉となり、その中に小さな種子がたくさん並ぶ。中央の白っぽい部分は種子に栄養を送っていた胎座のなごり。よく見ると細い維管束(水や栄養が通る管の束)が種子にのびている。

ユズ……果実(ミカン状果)

ミカンの仲間の果実はふつう、外果皮と白いスポンジ状の中果皮はむいてしまって食べない。中の袋はいくつかに仕切られた内果皮。私たちが食べているのは、内果皮の内側に生えた毛が果汁を貯えて太った部分だ。

リンゴ……偽果(ナシ状果)

リンゴやナシは果実そのものではない。花の土台部分(花床)がいくつかの子房を包みこんで大きくなった偽果であり、いわゆる芯の部分が子房から育った果実にあたる。柄と反対側のへこみには、萼片や雌しべの花柱のなごりが見られる。花床が育った部分は果床と呼ぶ。

花柱のなごり
萼片
花床のずい
外果皮・中果皮
内果皮
種子
果床

核
外果皮
中果皮
花柱のなごり
果床

花柱のなごり
核
外果皮
中果皮
果床
萼片

ラズベリー(左)、ナワシロイチゴ(右)

……集合果(キイチゴ状果)

1個に見えるが、じつはいくつかの果実の集合体である。花がさいた後に花床の部分が大きくなり、その上に果実(核果)が何個ものっている形だ。1粒が1個の果実で、中果皮は液体のようにとけ、種子は硬い内果皮に包まれて核となっている。

外果皮
果実(痩果)
中・内果皮
種子
維管束のなごり

イチゴ……偽果(イチゴ状果)

へたは萼。食べる部分は、花床が発達して果肉のようになった部分。その上に点々とのるタネが果実にあたる。果実といっても、薄くて硬い果皮が種子に密着したもの(痩果)で、消化されずに動物の体の外に出る。

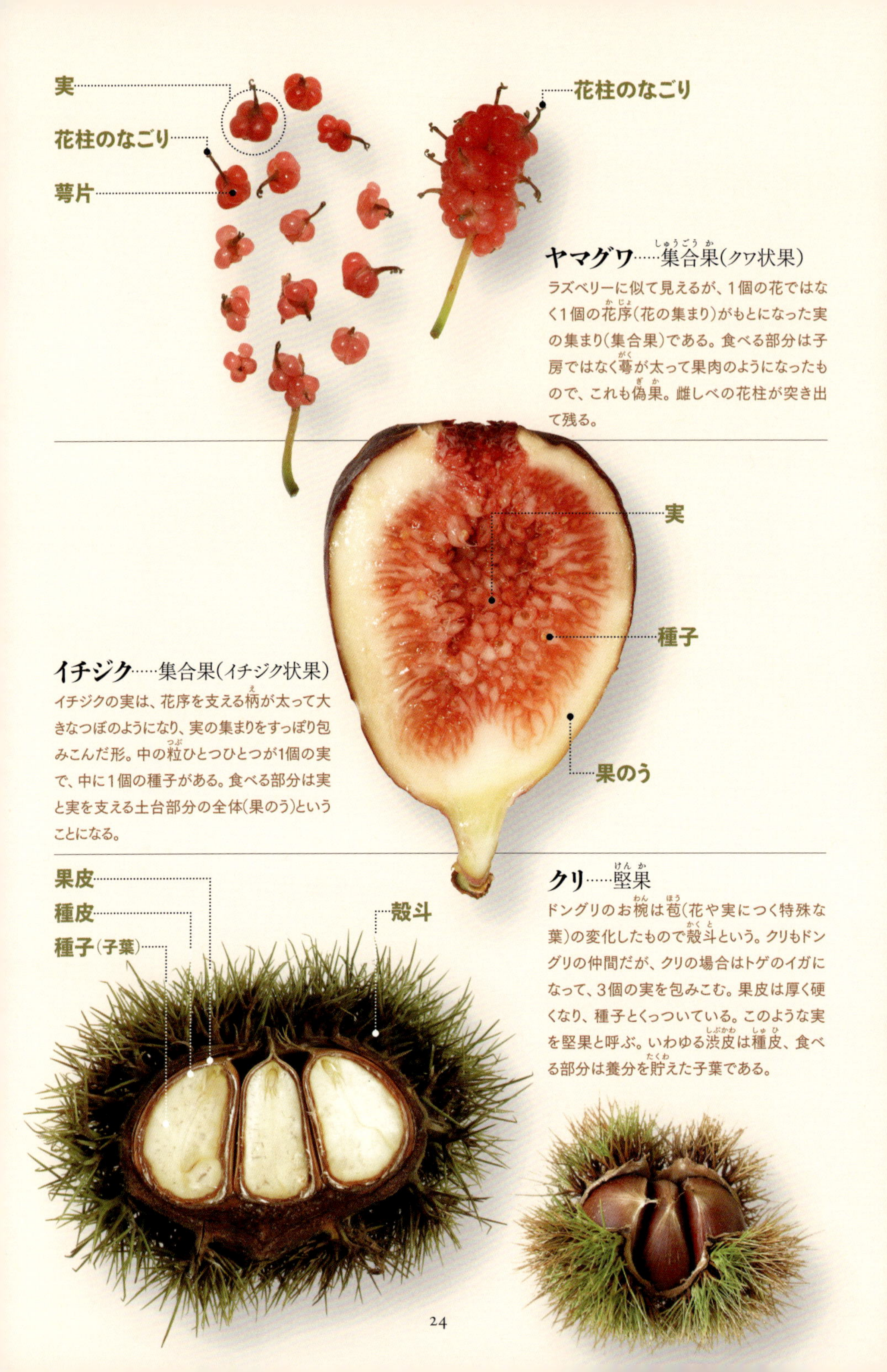

ヤマグワ……集合果(クワ状果)

ラズベリーに似て見えるが、1個の花ではなく1個の花序(花の集まり)がもとになった実の集まり(集合果)である。食べる部分は子房ではなく萼が太って果肉のようになったもので、これも偽果。雌しべの花柱が突き出て残る。

イチジク……集合果(イチジク状果)

イチジクの実は、花序を支える柄が太って大きなつぼのようになり、実の集まりをすっぽり包みこんだ形。中の粒ひとつひとつが1個の実で、中に1個の種子がある。食べる部分は実と実を支える土台部分の全体(果のう)ということになる。

クリ……堅果

ドングリのお椀は苞(花や実につく特殊な葉)の変化したもので殻斗という。クリもドングリの仲間だが、クリの場合はトゲのイガになって、3個の実を包みこむ。果皮は厚く硬くなり、種子とくっついている。このような実を堅果と呼ぶ。いわゆる渋皮は種皮、食べる部分は養分を貯えた子葉である。

3 種子のつくり

タネの種類

●種子は、動けない植物が別の場所に移動するだけでなく、眠ったまま時間や季節を飛び越すことができる、いわば究極のタイムカプセルです。中には、たくさんの情報を持った小さな幼芽（ようが）と、幼芽が育つための栄養分がつめこまれていて、ふつう、胚乳（はいにゅう）にはでんぷんが、子葉には油脂が貯（たくわ）えられています。

胚乳がある種子

カキ

種子を縦に割ったところ。
大半を占めるのは胚乳。

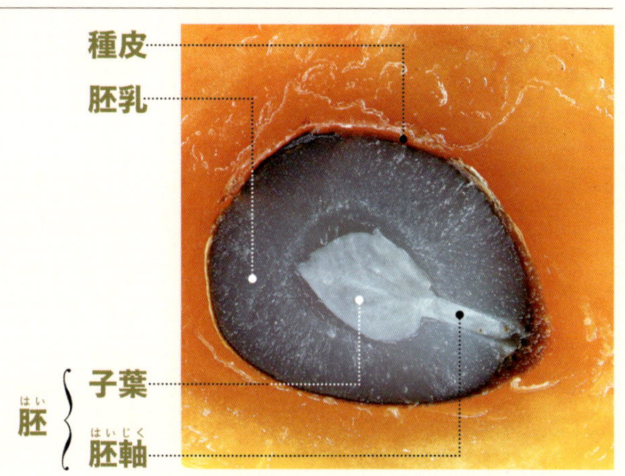

胚乳がない種子

ラッカセイ（ピーナッツ）

殻（から）つきの実を割ったところ。左の種子は、手前の子葉をのぞいてある。食べている部分は子葉である。

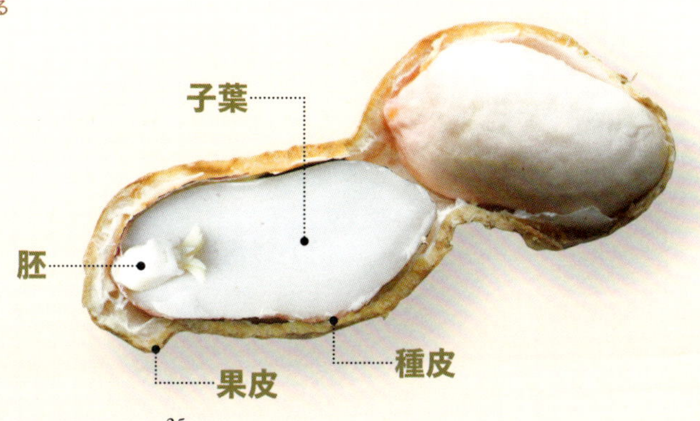

コラム

木の実の「なり年」はなぜあるのか

なり年のブナ。たくさん実った年にはどっさり地面に落ちている

ブナやミズナラのドングリは、毎年どっさり実るわけではない。年によっては、まるで示し合わせたかのように、その地方全体でどの木もほとんど実らない。そんな不作の年には、秋にドングリを食べて冬を越すクマが食べものに困り、人里に出てきたりする。

なぜ、たくさん実る「なり年」と、そうでない年があるのだろうか。

実りはまず、天気に左右される。降水量や気温、晴れて日のあたる時間は、植物が光合成をしたり、花や芽をつくったり、実を太らせたりする条件と大きく関係している。

木の栄養状態にも左右される。たくさん実がなった次の年は、木が弱って花や実をつけにくくなる。でも、それなら弱らない程度に、毎年少しずつ実をつければいいのに、と思うが、そうはならない。なぜだろう。

植物が、タネを食べる虫や動物への対策として、実る年と実らない年をわざとつくっている、という説がある。毎年同じように実を作れば、それを食べる虫や動物の食べものがいつもあるので、虫も動物も増えて、実のほとんどは食べられてしまうだろう。しかし実のならない年があれば、虫や動物は食べものがないので減り、その後の年にはたくさんの実が食べられることなく芽を出して生き残れるはずだ。

なり年については、まだわかっていないことが多い。自然界の生き物たちの関わりはとても複雑で、奥が深い。

ミズナラのドングリ。コナラより一回り大きい。
山のクマやリスなどの大切な食べものになる

枝に実るブナのドングリ。
若いうちは毛むくじゃらの全身スーツを着込んでいる

第1章 街中で見られる木の実

タチバナモドキ

イチョウ

銀 杏(公孫樹、鴨脚樹)

Ginkgo biloba

イチョウ科/落葉高木/街路や公園/動物散布/花…4～5月、実…11月

◎イチョウの雄花(上)と雌花(下)。雌雄異株(雌株と雄株がそれぞれ別の木であること)で、雄花の花粉は風に飛んで雌花に届くと、約半年かけて繊毛をもつ精子に変身し、雌花の中を泳いで卵子にたどりつく。この世界的発見は明治時代の日本人科学者によってなされた。

原寸

◎ぶよぶよの皮をむいた殻の実は長さ約2cm。ギンナンは実ではなく種子で、くさい肉質部分(素手で触れるとかぶれるので注意)も硬い殻も種皮の一部。イチョウの全盛期の中生代には、恐竜が食べて種子を運んでいたかもしれない。

よく茶碗蒸しの具にするギンナンはイチョウの種子。
秋に、ぶよぶよした黄色い種皮をまとったギンナンが
地面に落ち、異臭を放ちます。
食用・薬用のほか街路樹に植えられます。
人に栽培されて生き残っている「野生絶滅種」と
されてきましたが、最近、中国で野生株がみつかりました。
恐竜時代からあまり姿の変わらない「生きた化石」であり、
葉の形も受精のしくみも独特です。

Podocarpus macrophyllus

イヌマキ

犬槇

マキ科／常緑高木／山や庭園／動物散布／花…5〜6月、実…9〜10月

⦿同じ裸子植物のイチョウ(p.28)と雄花(左)の形はよく似ている。雌花(右)は先端に、種子に育つ丸い部分(胚珠)があり、その下に続く部分(花床)が丸くゼリー質に太る。

⦿甘く育つゼリー部分は、未熟なうちは緑色で、熟すにつれて黄から赤、最後には青黒くなる。鳥の目を引き、種子ごと運ばせる作戦だが、実際は多くが木の下にそのまま落ちる。木の上や地面で根を出している種子もあり、ゼリー部分は水分補給にも役立つようだ。矢印は種子の断面。

日本原産でマキとも呼ばれ、
庭木や生垣に植えられます。
雄株と雌株があり、雌株には秋に実がなりますが、
これがびっくり、甘くておいしい二色団子！
先端の緑色の玉は種子で、
こちらは硬くて食べられません。
でも、赤や黒紫に色づく部分は、半透明で甘くやわらかく、
まさに天然のゼリー菓子！　見つけたら洗って食べてみましょう！

Pinus thunbergii

クロマツ

黒松

マツ科／常緑高木／庭園や公園、山／風散布／花…4～5月、実…10月

⊙雌花と雄花があり、雌花は新芽の先端に1、2個つく。円内は雌花。雄花はオレンジ色の穂になって新芽の基の方に多数つく。花粉は風で運ばれる。

⊙球果は開花の約1年半後に熟す。写真は開花後1年2カ月たった若い球果。

⊙木の上で熟した球果は乾くと傘が開き、薄い翼をつけた種子が高速で回転しながら舞い降りてくる。球果は高さ4～6cm。種子は長さ約6mmで、翼を含めると約2cm。アカマツの球果や種子はやや小さいが、クロマツと大変よく似ている。

裸子植物のマツは、実の代わりに、
球果と呼ばれる種子を作る器官を作ります。
いわゆるマツボックリ、松かさです。
種子は球果のひとひら（種鱗）の上に2個ずつのる形で育ち、
熟して傘が開くと、くるくる回りながら舞い降ります。
アカマツとクロマツがありますが、
幹が黒っぽく葉が太く長く硬めで、
先端にさわると痛く感じるのがクロマツです。

マツボックリの仲間たち

アカマツ

アカマツのマツボックリも乾くと開き(左上)、
ぬれると閉じる(右)。
クロマツよりひとまわり小さいが、
よく似ていて、葉や幹を見ないと
区別は難しい

サワラ

球果は枝先につき、
直径7mmとミニサイズ。
種子は両側に翼があり、風で飛ぶ

ヒノキ

サワラよりひとまわり大きく、直径1.2cm。
開く前はサッカーボールみたい

ヒマラヤスギ

球果は高さ10cm、
幅8cmを越す。
だが熟すと樹の上で分解し、
種子と種鱗はばらばらになって、
先端部分だけが
バラの花の形で落ちてくる

スギ

直径2cm。
葉も球果もとげとげしい。
ときどき先端から
枝が出る

Torreya nucifera

カヤ

榧

イチイ科／常緑高木／山や公園／動物散布／花…5月、実…9～10月

山に生える針葉樹ですが、
神社の境内や公園でも見ることがあります。
雄株と雌株があり、雌株には厚い皮をかぶった
実(植物学的には種子)がなります。
昔の人は「かやの実」を大事に拾って油をしぼり、
炒っておやつに食べました。
カヤの葉先は鋭くとがり、握ると痛いのが特徴。
よく似たイヌガヤは握っても痛くありません。

⊙雄花。スギ(p.31)と同様に風で花粉を飛ばす植物で、枝をゆすると大量の花粉が舞う。雌花は緑色で目立たない。

⊙種子は秋、緑のまま熟し、皮が割れてはがれかけたものが地面にばらばらと降ってくる。茶色の硬い殻をもつこの種子は、ちょっとヤニくさいけれども油分の多いおいしいナッツだ。山では、リスやネズミやヤマガラが冬の食糧にと運んで埋め、その一部が忘れられて芽を出す。それがカヤと森の動物たちとの、何千万年も前から続く契約だ。

ヤマモモ

山桃

ヤマモモ科／常緑高木／野山や公園／動物散布／花…3～4月、実…6～7月

⊙花は春早くにさく。雄株（上）と雌株（下）があり、花は雌雄とも花びらも萼もないシンプルなつくり。特に雌花は目立たない。雄花は穂にたくさんさき、大量の花粉を風に飛ばす。

⊙実は梅雨に熟す。野生品は直径1.5～2cm、栽培品種では直径3cmになる。果肉は甘くおいしいが、実がタネから離れにくく、タネを飲み込むように仕向けられる。山ではおもにサルが食べてタネをまく。上の写真は実の断面。

暖地の常緑樹で、公園や街路樹に植えられ、
また果樹としても栽培されます。
名前にモモとつきますが、モモとは縁遠く、
実のつくりもちがいます。
果肉の部分は、タネから伸びた毛が
ジューシーにふくらんだもの。表面の粒はその毛の先端です。
もともとサルの好物のフルーツですが、
ヒトもやはり甘い誘惑に操られて育てているというわけです。

Carpinus laxiflora

アカシデ

赤四手

カバノキ科/落葉高木/野山や公園/風散布/花…3〜4月、実…10〜11月

⊙春、葉が開くよりも早く、赤い花穂(たくさんの花が稲の穂のように集まったもの)が伸びてたれる。太くて長いのが雄花穂、短くて小さいのが雌花穂。花の時期には木全体が赤く見えるのでアカシデとついた。

⊙晩秋の果穂。10〜30個の実が集合した果穂は長さ5〜10cm。深く裂けた大きな苞(花や実につく特殊な葉)が回転するための翼となる。

⊙**イヌシデ**の果穂。これもシデの仲間で、雑木林や公園で見られる。実はアカシデより一回り大きく、短い毛が多い。苞は裂けない。春の花穂は黄色い。

野山の雑木林や公園で見られる。
シデの名は、たれた果穂
(たくさんの実が稲の穂のように集まったもの)が
しめ縄の四手飾りを思わせることからつきました。
夏から秋には、多数の果穂が枝の先にたれ下がり、
晩秋に実が熟して茶色く乾くと、風に吹かれて
1つずつ回転しながら飛んでいきます。
シデの仲間にはほかにイヌシデとクマシデがあります。

Aphananthe aspera

ムクノキ

椋の木

アサ科／落葉高木／野山や公園／動物散布／花…4〜5月、実…9〜11月

⊙花は春にさく。同じ枝に雄花(左)と雌花(右)がつくが、ともに花びらのないシンプルな作り。風媒花(花粉を風に運んでもらう花のこと)だからだ。雄花の雄しべはパチンと弾けて花粉を飛ばす。以前はニレ科だったが、DNAの塩基配列にもとづく新しい分類でアサ科になった。

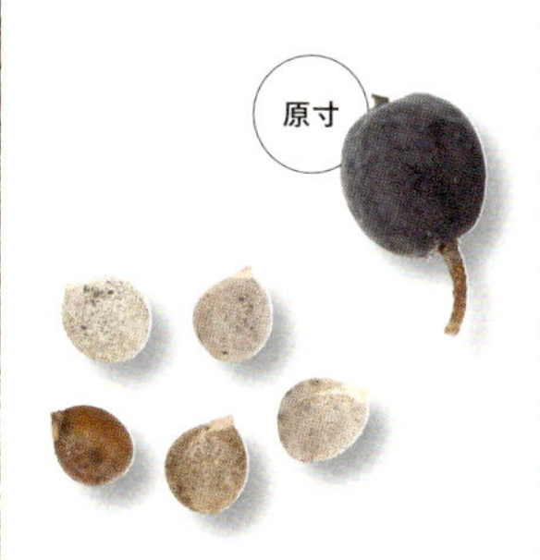

⊙実は直径1〜1.2cm。秋に白い粉を帯びた黒紫に熟す。果肉はねっとりとジャム状で甘みが強く食べられる。中には硬いタネが1個。樹の上の実をムクドリやヒヨドリなどが食べ、熟して落下した実をタヌキなどのけものが食べる。

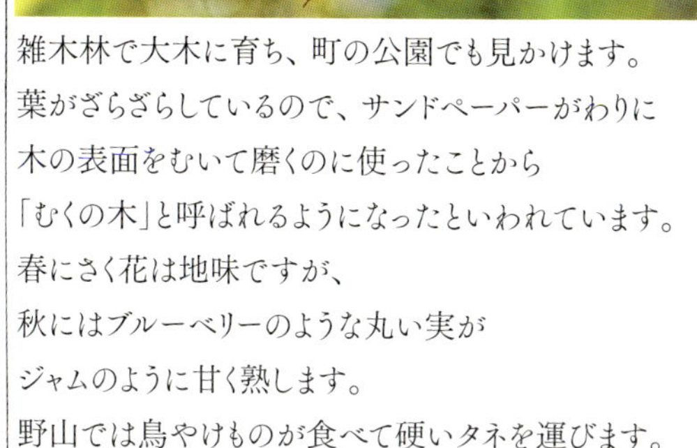

雑木林で大木に育ち、町の公園でも見かけます。
葉がざらざらしているので、サンドペーパーがわりに
木の表面をむいて磨くのに使ったことから
「むくの木」と呼ばれるようになったといわれています。
春にさく花は地味ですが、
秋にはブルーベリーのような丸い実が
ジャムのように甘く熟します。
野山では鳥やけものが食べて硬いタネを運びます。

クヌギ

Quercus acutissima

椚

ブナ科／落葉高木／野山や公園／動物散布／花…4〜5月、実…10月

⊙花は春先の4〜5月、葉が出るより前にさく。雄花(左)と雌花(円内、矢印の先)があり、雄花は長い穂にたくさん集まって風になびき、葉の際にある地味な雌花に花粉を送る。

⊙お椀(殻斗)は直径最大5cmでもろい。ドングリは直径1.5〜2.5cmだ。ドングリは皮が硬く厚い、堅果の一種。お尻の部分は親植物とつながっていた跡だ。殻斗は苞(花や実につく特殊な葉)の変化した形で、ドングリを包んで守っている。それでも殻斗から顔を出したとたん、若いドングリはシギゾウムシ(p.148)などに産卵され、中身を食べられてしまう。

雑木林の代表的な木。
昔は、たきぎや炭の原料に使いました。
最近は里山を楽しむ必須アイテムとして注目されています。
夏の夜はこの木の樹液にカブトムシやクワガタが集まります。
そして秋にはモジャモジャ帽子の太っちょドングリが
遊び心をくすぐります。
黄色い花穂が枝いっぱいにそよぐ、
春の花の時期もすてきです。

ドングリの仲間たち

マテバシイ

お椀は軸ごと落ちる。
渋くないので食べられる

シラカシ

小粒だが毎年どっさり実る。
お椀は横縞模様

ナラガシワ

ナラとカシワの両方に似る。
お椀は網目模様

アカガシ

厚い葉の常緑樹。
お椀はふわふわで横縞模様

アラカシ

ドングリは小粒で丸っこい。
お椀は横縞模様

オキナワウラジロガシ

日本最大のドングリ。
大きなお椀は横縞模様

ウバメガシ

お尻がすぼんだドングリ。
お椀は網目模様で浅く広がる

コナラ

クヌギと並ぶ
雑木林の主役。
お椀は網目模様

カシワ

丸っこいドングリ。
赤毛の帽子はかさかさしている

スダジイ

全身スーツを脱いで登場。
おいしく食べられる

すべて原寸

Celtis sinensis

エノキ

榎

アサ科／落葉高木／野山や公園／動物散布／花…4月、実…9～11月

野山や公園で大木に育ちます。鳥が実を食べて
種子を運ぶので、若木があちこちに育っています。
実はオレンジ色からだんだん濃く色づき、ワインレッドに熟した
実はジャムのように甘くて食べられます。
枝を大きく広げて豊かな木陰を作るので、
昔は街道の一里塚に植えられ、
そこで休む人の役に立ちました。
国蝶オオムラサキが葉を食べます。

⊙花は葉より先に開く。枝の分かれている下の方に多数の雄花、先の方に少数の雌花（矢印）がつく。風で花粉が運ばれるので、虫を呼ぶ広告としての花びらや蜜は一切ない。雄花は折りたたまれていた雄しべをピンと広げる瞬間に花粉を弾き飛ばし、それを毛の生えた雌花が受け取る。

⊙実は直径7～8mmで、果肉はジャムのようにねっとりと甘い。中にタネが1個あり、直径約4mmで非常に硬い。ヒヨドリやムクドリなどの鳥が実を食べて硬いタネをフンに出す。

原寸

Liriodendron tulipifera

ユリノキ

百合の木

モクレン科／落葉高木／公園や街路／風散布／花…4月末〜5月、実…11〜1月

北アメリカ原産の落葉樹で、公園や街路樹に植えられます。
葉はTシャツの形。半纏にも見えるので
ハンテンボクという名もあります。
英語の名前はチューリップツリー。花の形が似ていますが、
それだけではありません。ほら、葉が落ちた冬枯れの枝に、
ふたたびチューリップの花がさいてます。
なーんて、嘘。これがユリノキの実です。
風が吹くと一ひらずつ離れ、くるくる回りながら飛びます。

⊙花は春にさく。チューリップに似て見えるが、中心にたくさんの雌しべがぐるりと並ぶ構造はチューリップとは異なっていて、1個の花からたくさんの実ができる。

⊙1個の花からできたたくさんの実は、軸を中心に積み重なり、高さ8cmもある集合果になる。風が吹くたびに上から順に実が離れ、くるくる回りながら飛んでいく。季節が進むと一番下の部分だけがぐるりと残り、まるでチューリップの花のように見える。実は長さ4cmほどで回転するための翼をもつ。

Magnolia kobus

コブシ

辛夷

モクレン科／落葉高木／野山や公園／動物散布／花…3～4月、実…9～10月

⊙春の早い時期、ほかの木々に先駆けてさく。モクレン科は原始的な性質を残す被子植物で、花の中心にたくさんの雌しべが集まり、それらが実って集合果になる。

原寸

⊙集合果は10月に裂け、赤い種子が現れてたれさがる。種子は厚い油の層におおわれていて、鳥が食べる。種子本体はハート形で黒くて硬く、1000年以上たっても、芽を出すことができる。

野山に生え、公園や街路樹に植えられます。
春、葉が開くよりも先に白く香りのある清楚な花を
枝の先いっぱいにさかせ、夏から秋には
人のにぎりこぶしを連想させるいびつな実が目を引きます。
このごつごつした実の形から
コブシという名がついたといわれます。
秋に実は裂け、朱赤の種子が顔をのぞかせると、
しまいには白い糸を引いてたれさがります。

⊙コブシの集合果。数個から十数個の実がひとかたまりになったもので、1つのこぶが1個の実にあたる。写真は8月中旬。奇妙な形の集合果がほんのり赤く染まる。やがて集合果に裂けめが開いて朱赤の種子が覗くのだが、私はそれを見るたびに妖怪の「目目連」を連想してしまう。種子はカラスの好物だ。

Cinnamomum camphora

クスノキ

樟／楠

クスノキ科／常緑高木／野山や街／動物散布／花…5月、実…10月〜12月

⊙花は直径5mmと小さく目立たないが、よく見ると白い花びらと黄色い雄しべの繊細な作り。葉は太い3本の脈が目立ち、その分岐点はふくらんで部屋のようになっていて、中には葉の汁を吸う小さなダニが住んでいる。

原寸

⊙実は秋から冬にかけて黒く熟し、直径約8〜10mm。実を支える部分はさかずきのような形にふくらみ、けん玉の受け皿に玉が乗っているように見える。

原寸

⊙実の中には一粒のタネ。やわらかな果肉は油分を豊富に含み、さわると指先がクリームを塗ったようになる。タネは直径5〜8mm。

暖地の常緑樹で幹の太い巨木に育ちます。
葉をちぎるとスッとした香りがありますが、
これは樟脳と呼ばれる成分で、
昔はこれを防虫剤に用いました。
初夏の花は白く小さくて目立ちませんが、
秋から冬にはつぶらな実が黒く熟して枝の先に光ります。
樹齢1000年を超す巨木も各地に知られますが、
最初はこの実のタネを鳥が運んで始まったのですね。

Machilus thunbergii

タブノキ

椨

クスノキ科／常緑高木／街路や海辺／動物散布／花…4～6月、実…8～9月

本州よりも南の暖地に生えて大木に育ち、
公園などに植えられます。実は夏に黒く熟し、
赤い果軸との色の対比で鳥の注意を誘います。
ところが撮影しようとすると、枝には緑色の未熟果ばかり。
黒く変わるのは熟したサイン。
タブノキの実が大好きなムクドリが
毎日群れては熟した実だけついばんでしまうのです、
私が行くよりも早く。

⦿花は春にさく。赤い新芽と一緒につぼみがのびて、黄緑色の花がさく。個々の花は直径1cmで目立たないが、木全体では大量の花がいっせいにさき、多くの昆虫をひきつける。

⦿木の下で拾った実。実は直径約1cmで、緑のうちは硬く、黒く熟すとやわらかくなる。黒い実を割ると、とろりとした緑色の果肉。どこかで見たようなと思ったら、アボカドに似ている。アボカドもタブノキ属で、ともに果肉に油脂をたっぷり含む。

⦿種子。種皮は薄くはがれやすい。

Mahonia japonica

ヒイラギナンテン

柊南天

メギ科／常緑低木／公園や庭園／動物散布／花…3～4月、実…5～6月

⊙花は早春にさき、香りがよい。花は直径1cmほどで、ピンセットなどで雄しべの柄の部分に触れるとすぐに動いて雌しべにくっつくというおもしろい性質がある。葉は30～40cmの羽状複葉（鳥の羽のように分かれた葉）で、とげが痛い。

⊙実は直径8mm、長さ1cmほどでやわらかく熟し、甘酸っぱい。1個の実に種子は1～2個。日本や中国では食用とされないが、カナダには同属の近い種がありオレゴンベリーと呼ばれ、甘酸っぱい実を食べる。

中国原産の薬用植物で、
葉にヒイラギに似た鋭いとげがあるため、
防犯もかねて庭園の植え込みに使われます。
ナンテンの仲間で、早春にはほかの植物に先駆けて
黄色い花がさき、よい香りがします。
梅雨には葉の間からブルーベリーを思わせる青い実が
房になってたれます。試しに食べてみると、
味もブルーベリーに似てジューシーで甘酸っぱい味でした。

Nandina domestica

ナンテン

南天

メギ科／常緑低木／野山や庭園／動物散布／花…6月、実…11〜2月

⊙花は梅雨にさき、直径6〜7mm。6枚の白い花びらと黄色い雄しべが散ると、とっくり型の雌しべが残り、秋までに丸く太って赤く色づく。

⊙実は直径8〜9mm。先端のでっぱりは柱頭のなごりだ。1個の実の中に黄色い種子が1〜2個。種子は少しいびつな半球形で、一部がえぐれていることが多い。果肉は苦くて毒があるので、実を食べるヒヨドリは、まだ実が残っていても飛び去り、時間をおいてからまた食べにくる。毒も、タネを広くばらまく植物の作戦のうちなのだ。

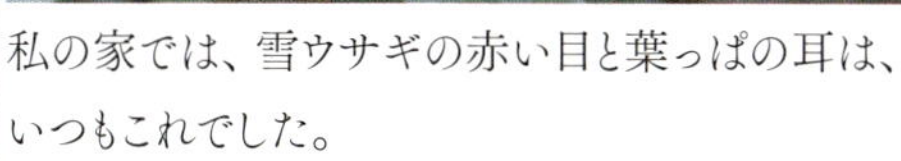

私の家では、雪ウサギの赤い目と葉っぱの耳は、
いつもこれでした。
遠い昔、中国から渡来したといわれています。
その名から、難を転じるとされ、
厄除けの意味でよく家の戸口に植えられます。
植物全体に薬用成分を含み、
実も咳止めなどに用いられますが、そのまま食べると有毒です。
鳥も少しずつ食べて種子をあちこちに運びます。

コラム

赤い実の誘惑

ナンテンの実とタネ

正月を飾る赤い実といえばセンリョウ、マンリョウにナンテンとくるが、ほかにも、サルトリイバラ、クロガネモチ、モチノキ、ヤブコウジ、アオキ、イイギリ、ナナカマド、ノイバラ、ピラカンサなどなど、冬はとにかく赤い実が目につく。

なぜ、実は冬に赤く熟すのだろう。

赤い信号

それは、信号機や郵便ポストが赤いのと同じ。赤い色が目立つからだ。植物が放つ一種の信号なのだ、注目！という意味の。

ただし、人に向けてではない。植物は鳥に向けて信号を送っている。「ほら、ここよ、食べてね」と。

赤い実の内部には、柔らかな果肉にくるまれて、こっそりタネが仕込まれている。実をまるごと飲み込んでもらい、タネを運ばせようという魂胆なのだ。タネは硬く丈夫な材質に包まれて、鳥の消化管を通過しても消化されないよう工夫されており、そのまま糞の中に出される。植物は動けないが、こうして実を食べた鳥がどこかに移動した後に糞をしてくれれば、タネは親植物から遠く離れた場所で芽を出せる。しかも肥料つきで。

イイギリの実の目をした雪ウサギ

鳥に食べてもらいたい実

鳥の視力は鋭い。その目は人間と同様、赤い色を最も刺激的に捉える。鳥に食べてほしい実は、だから、競って赤い色で装う。次いで多いのは黒い実だが、鳥には紫外線領域も見えているので、人の目に黒く見える実の中には、紫外線を反射して鳥には色づいて見えるものも含まれる。ほかに少数派だが、青や紫や黄色や白い実もある。

マンリョウの赤い実をついばむ
メジロのペア

マンリョウの実の枝

色のきれいな実はたいてい小粒で丸い。鳥の口にぴったりの、飲み込みやすい形につくられているのだ。
香りに乏しいのも共通の特徴だ。これは鳥の嗅覚が鈍いことと関係している。香りで誘っても鳥にはほとんど意味がない。

冬に多いのにも理由がある。この時期は虫も少ない。だから植物は、この季節にあえて実をぶつけて誘惑するのだ。

冬の赤い実はどれも枝に長く残り、私たちの目を楽しませてくれる。これにも理由がある。落ちて枯葉の下にもぐってしまったら鳥に見つけてもらえない。一方で赤い実は、目立つ樹上で派手な看板を掲げ、長期にわたって鳥を誘っているのだ。鳥の来ない市街地では、マンリョウやナンテンの実がみずみずしいまま、翌夏まで枝に残ることがある。鳥が食べてくれるまで、じっと待っているのだ。

赤い実はなぜまずい？

鳥がついばむ実を私も食べてみた。結果、苦かったり渋かったり、たいていまずい。考えれてみれば不思議だ。なぜ、まずい？　おいしい方が鳥に好まれて、より有利に運ばれるのではないのか？

もしも実がおいしくて、鳥がその場で食べ続けたなら、タネもその場に出されてしまう。それでは困る。ちっとも運ばれたことにならない。もっと遠くに、もっとあちこちにタネがばらまかれないと、鳥を誘惑した意味がないのだ。植物は、実をわざとまずくすることによって、鳥が一回に食べる量を制限しているということだ。

赤い誘惑に負けて鳥は実をついばむ。でもまずければ（まずい成分はしばしば有害であり、消化不良など体調の変調も引き起こす）、それ以上は食べずに飛び去るだろう。それでも、また誘惑に負けて、つい食べる。こうして、タネは、何度にも分けて少しずつあちこちに運ばれる。時間的にも空間的にも、より広くばらまかれることになるのだ。食べてね、でもちょっとだけよ。私はそんな植物の戦略を『ちょっとだけよの法則』と名づけている。

実際にヒヨドリはナンテンの実をついばむが、枝にまだ実が残っていても、きまって何粒か食べただけで飛び去ってしまう。じつはナンテンの実は漢方薬になるくらいで、有毒成分を含んでいる。毒も植物の戦略の一つというわけだ。

冬の赤い実には、植物の思惑が隠れている。

ヤブコウジ。マンリョウ(p.103)と同属の小低木で、林に生え、庭園にも植えられる。
昔は正月の縁起植物とされ、万両や千両に対して「十両」と呼ばれた。
ちなみに「百両」とは、同属でやはり赤い実が美しいカラタチバナのことである。

サルトリイバラの実。
野山に生えるサルトリイバラ科のつる植物で、
秋には赤い実が美しい。枝にトゲがあるが、
枝や実のさまに趣があり、
よく生け花の材料に使われる

センリョウ

Sarcandra glabra

仙蓼／千両

センリョウ科／常緑低木／野山や庭園／動物散布／花…6～7月、実…11～2月

正月を飾る赤い実。
昔の商家は、同じく赤い実をつけるマンリョウ(p.103)や
アリドオシ(アカネ科の常緑低木)とともに庭に植え、
「千両、万両、有り通し」と商売繁盛の縁起をかつぎました。
つぶらな赤い実をよく見ると、てっぺんと横腹に、
きまって大小の黒い点がついています。なぜでしょう？
ヒントは、この花の独特のつくりにあります。
雌しべの横腹に雄しべがついているのです！

⊙センリョウ科は被子植物の中でも原始的なグループに属する。花には萼も花びらもなく、緑色のずんぐりした雌しべと、両わきにやくをもった1本の白い雄しべだけからなる。しかもその雄しべは、雌しべの横から突き出ている。雄しべは役割を終えると、茶色く枯れてぽろりと落ちる。

原寸

⊙赤い実は直径約7mm。てっぺんにある黒い点は雌しべのなごり、横腹の小さな黒い点は雄しべのなごりである。実の中には直径3～4mmのタネが1つあり、鳥に食べられて運ばれる。

ヤブツバキ

藪椿

ツバキ科／常緑低木／植栽や野山／動物散布／花…11～4月、実…10～11月

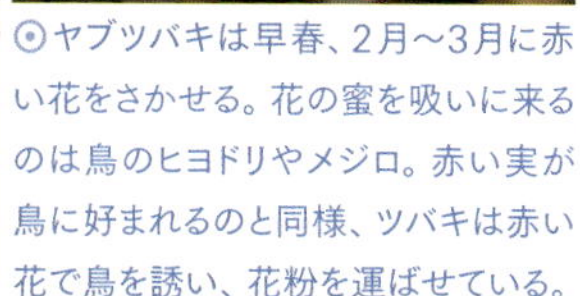

⊙ヤブツバキは早春、2月～3月に赤い花をさかせる。花の蜜を吸いに来るのは鳥のヒヨドリやメジロ。赤い実が鳥に好まれるのと同様、ツバキは赤い花で鳥を誘い、花粉を運ばせている。

⊙屋久島産のものは実が直径6cmにもなり、**リンゴツバキ**と呼ばれる。実に産卵するツバキシギゾウムシとの長年の攻防の結果、果皮が厚く進化した。

日本の野生植物であるヤブツバキは、
赤く大きな花も、つやつやした葉も美しく、
数多くの園芸品種がつくられてきました。
一般にはこれらをひっくるめてツバキと呼び、
観賞用に庭や公園に植えています。
一方で、種子には上質な油分がたっぷり。
油の原料として昔から利用されてきました。
現在も整髪料やシャンプーに使われます(p.144)。

原寸

⊙実は直径約3cm。熟しても緑のまま3つに裂け、中心の軸についていた種子がむき出しになる。種子は油分を多く含み、野生状態では、地面に落ちると森のアカネズミなどが運んで貯え、一部が食べ残されて芽を出す。

ヒサカキ

Eurya japonica

柃

モッコク科／常緑小高木／野山や公園／動物散布／花…3月、実…9〜3月

林に生える常緑低木で、庭にも植えられます。
サカキに代えてこの枝を神棚に供える地方もあり、
名も「姫サカキ」がなまったものといわれます。
花の香りは独特で、都市ガスに似たくさいにおいがします。
インスタントの塩ラーメンのにおいという人もいます。
花や実は枝の下側にびっしりとつき、
見ると背筋がゾクゾクする人もいるかも!?
黒く熟した実を鳥が食べて種子を運びます。

⊙雄株(左)と雌株(右)がある。雄花は5mm、雌花は直径3mm。どちらもガスのにおいに似たくさいにおいを放つ。

⊙実は直径約5mmで、中には長さ1〜2mmの茶色の種子が十数個入っている。果肉には芽が出ないようにするための物質が含まれているので、鳥に消化されて初めて、種子は芽を出すことができる。地面に落ちた種子が全部発芽したら、確かに混みすぎて大変だ。実をつぶすと濃い紫色の汁が出て、青い染料として使われる。

ケヤキ

欅

ニレ科／落葉高木／街路や公園／風散布／花…4月、実…11〜12月

⊙花は春。風媒花(風で花粉を飛ばす花)で目立たない。花は小ぶりの葉をつけた小枝にさき、葉のわきに数個集まってつく。枝の基には雄花だけが、先端に近い方には雌花が1個ずつつく。

⊙これがケヤキの旅姿。実そのものは何も飛ぶための道具を持っていない。

原寸

ほうきを逆さに立てたような形に枝を広げる落葉樹。
この木の実は地味で最初はなかなか気づきません。
でもよく見ると、ほら、
枝先の小枝に粒がついています。
それが実です。秋に枯れると、
実をつけた小枝は、枯れ葉を翼がわりに、
枝ごと風で飛びたちます。
木枯らしの後で、ケヤキの小枝を探してみてくださいね。

⊙でも、実のつく小枝は葉がついたまま枯れるので、枯れ葉を翼がわりに枝ごと風に吹き飛ばされるのだ。小枝の葉はふつうの葉よりも小さい。実は幅3mmのいびつな形で、葉の付け根についている。

モミジバスズカケノキ

Platanus acerifolia

紅葉葉鈴懸の木

スズカケノキ科／落葉高木／街や公園／風散布／花…4～5月、実…11～4月

迷彩柄の幹と、モミジに似た大きな葉が特徴の樹。
よく似た仲間も含めて、ふつうプラタナスと呼んでいます。
秋には丸い「実」がたれ下がりますが、
これはたくさんの実からなる集合果。
山伏の衣装である鈴懸の糸飾りに見立て、
「スズカケノキ」と名がつきました。
丸い玉は北風にほぐれ、
金色のパラシュートを広げて飛び立ちます。

⊙花は春早く、葉が開くと同時にさく。右側は雌花序(花の集まりのこと)で、赤いのは雌しべの柱頭。左側は雄花序で、まだつぼみの状態。

⊙ほぐれかけた集合果と、毛のパラシュートを広げた実。集合果はたくさんの実が毛を閉じた状態で集まったもので、直径約4cm。風でどこか一か所が緩むとそこから崩れ始め、たくさんの実が金色のパラシュートを広げて風で飛ぶ。

⊙種間交配で作られた園芸植物で、街路樹によく植えられている。白っぽくまだらにむける樹皮が特徴。

⊙**アメリカスズカケノキ**の若い実と葉。北アメリカ原産の落葉樹で、公園などに植えられている。集合果は1個ずつ垂れ、葉は浅く裂けて鋸歯も少なめ。本種とスズカケノキを交配して作られたのがモミジバスズカケノキである。

原寸

⊙**アメリカスズカケノキ**の集合果と実。集合果は大きめで、実の先端のとんがり(雌しべの柱頭の跡)は脱落しやすい。一般に他の2種に比べて樹皮ははげにくいが、同じように白くまだらにはげることもある。

⊙**スズカケノキ**。集合果は小ぶりで3〜7個ずつ垂れ、実のとんがりは長い。葉も小型で深く裂ける。ヨーロッパ〜西アジア原産。写真は東京大学医学図書館前のもので、ギリシャ・コス島の有名な木の子孫である。

ウツギ

Deutzia crenata

空木／卯木

アジサイ科／落葉低木／野山や公園／風散布／花…5月、実…11〜12月

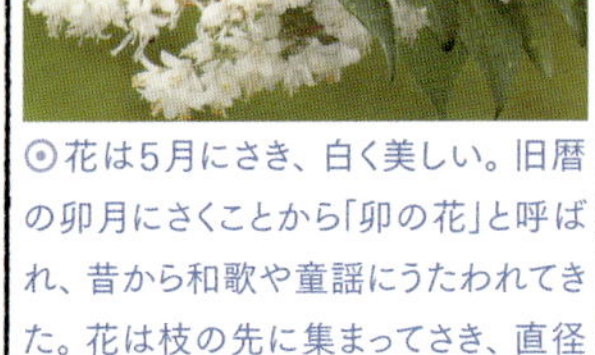

⊙花は5月にさき、白く美しい。旧暦の卯月にさくことから「卯の花」と呼ばれ、昔から和歌や童謡にうたわれてきた。花は枝の先に集まってさき、直径1〜1.5cm。香りはほとんどない。

⊙若い実。

明るい野山に生え、公園などに植えられます。
枯れ枝の中が空なので空木とつきました。
「卯の花」の名でも親しまれる清楚な花は、
湯呑茶碗のような不思議な実に育ちます。
秋に茶碗の口が開き、細かな種子が風で散ります。
風で種子を散らす実はどれもたいてい
地味で目立ちません。だって、目立って逆に
動物の目を引いて食われたら損ですからね。

原寸

⊙実は直径4〜6mmの円筒形で、表面はざらざらしている。中心に3〜4本の雌しべが残って立つ。秋に熟すと口が上向きに開き、10個ほどの種子が強い風に散る。種子の本体は約1mm、両端に薄い膜の翼があり、風に乗って飛ばされる。

風で飛ぶタネ[1]

塩コショウ方式 ―ウツギ―

◉ごく小さければタネは風で飛べる。ウツギやアセビの実は、塩コショウをふるみたいに、風にゆれては小さなタネをぱらぱらとまく。特に明るい空き地で芽を出す植物は、小さなタネをたくさんつくってチャンスを増やすように進化する。雑草のナガミヒナゲシの場合、長さわずか1.7cmの実が1000粒もの「けし粒」を散らす。

ダストシード ―シラン―

◉けし粒より小さく、ほこりのように軽ければ、タネはふわふわと空中を漂う。最も軽いのはラン類で、1粒の重さは0.00002〜0.01mg。小さい分、数は多く、実1個あたり数十万粒ものタネが入っている。小さなタネの中に養分はないが、ラン類は菌と共生して養分をもらい、芽を出す。寄生植物のナンバンギセルも栄養は寄生先からもらうのでタネは小さい。

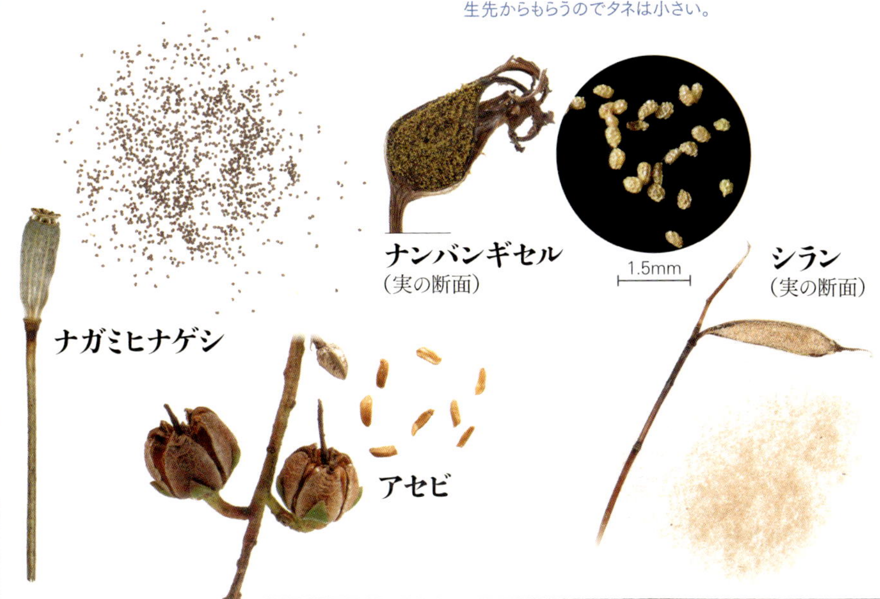

ナンバンギセル
（実の断面）

シラン
（実の断面）

ナガミヒナゲシ

アセビ

Liquidambar styraciflua

モミジバフウ

紅葉葉楓

マンサク科(フウ科)/落葉高木/街路や公園/風散布/花…4月、実…11〜12月

アメリカ原産の落葉樹で、
公園や街路樹に植えられます。
葉はモミジに似ていますが枝に互いちがいにつき、
2枚ずつ向き合うモミジとは他人の空似。
秋にはクリのイガに似た集合果がたれます。
晩秋には乾いてすきまが開き、翼をもつ種子を飛ばします。
地面に落ちてくる集合果は、堅く丈夫で、
そのままクリスマス飾りの素材になります。

⊙花は春にさく。もこもこと集まるのは雄花序(上)、1個ずつたれるのが雌花序(下)。風媒花(p.55)で、雌雄とも緑褐色で花びらが無い。雌花序が集合果に育つ。

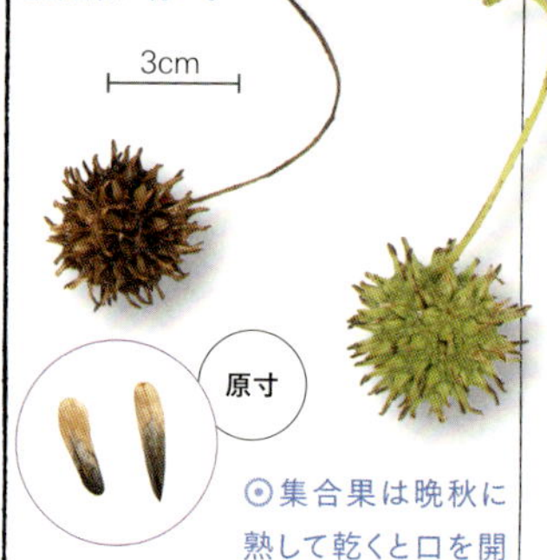

⊙集合果は晩秋に熟して乾くと口を開き、翼をもつ種子が回転しながら風に散る。集合果は直径3〜4cmで、硬くて太いイガにおおわれる。つやがあり丈夫。種子は長さ7〜10mm。

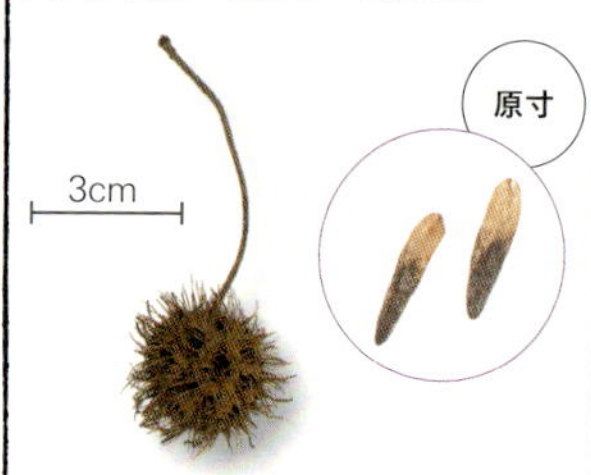

⊙中国原産の**フウ**の葉は3つに裂ける。集合果は直径2.5〜3cmで、イガは細く折れやすい。種子は長さ7〜9mm。

◉秋の紅葉。葉はカエデに似るが、実の形が違う。

Pittosporum tobira

トベラ

扉

トベラ科／常緑低木／海辺や公園／動物散布／花…5月、実…11〜1月

枝や葉をちぎると独特の悪臭があるので、
昔から、除夜と節分の夜に
この木の枝を扉に挟めば、
邪鬼を追い払えると言われています。
この風習から「扉の木」、そこからトベラと名がつきました。
実は冬のはじめに熟すと裂け、種子が現れます。
平たく開いた果皮のお皿にこんもり盛られた赤い種子。
でも、なんで種子が落ちないのでしょうか？　（答えは右にあります。）

⊙花がさくのは東京付近では5月上旬。雌株と雄株があり、写真は雌株で、太った雌しべと退化した雄しべが見える。花は直径約2cmで甘く香り、はじめ白く、古くなるとクリーム色になる。葉はつやつやしていて破けにくく、縁が裏側に丸まっている。

⊙実は雌株につき、直径13mm前後。熟すとふつう3つに裂けて、たくさんの朱赤の種子が現れる。種子の表面はネバネバしていて糸を引き、果皮にくっついて落ちない。鳥はねばる成分を目あてに種子を食べ、角ばった硬い本体はフンに出す。

Pyracantha crenulata

ピラカンサ（ヒマラヤトキワサンザシ）

ヒマラヤ常盤山査子

バラ科／常緑低木／公園や庭園／動物散布／花…4～5月、実…11～1月

赤い実と枝のとげが特徴的な外国産の園芸植物で、
同属の仲間を含めてピラカンサと呼ばれ、
生垣によく植えられます。
おいしそうに見えますが、この実は青酸化合物という
毒を含んでおり、まとめて食べれば鳥も毒にあたります。
渡り鳥のレンジャク(p.120)が時折、
謎の集団死をすることがありますが、
その一部はこの仲間の実が原因と特定されています。

⊙春、小さな白い花が群れ咲く。

⊙写真はヒマラヤトキワサンザシとよばれる種類。実は赤く熟して直径6～10mm。リンゴ(p.23)と同じく、花床が実を包みこんで厚く育ったもので、長さ2～3mmの硬い種子が5個入っている。黄色い果肉はリンゴに似た香りがあるが、有毒。

⊙中国原産の**タチバナモドキ**もピラカンサと呼ばれて栽培される。実はオレンジ色に熟し、直径8mm。その色と平べったい形からミカン科の橘にたとえた。

シャリンバイ

Rhaphiolepis indica

車輪梅

バラ科／常緑低木／海辺や公園／動物散布／花…5月、実…10〜1月

⊙花がさくのは5月の連休のころ。白い花が枝先に集まってさき、よい香りがする。花は直径1.5cmほどで、5枚の花びらは先が丸く、ウメの花によく似ている。上の花の写真はタチシャリンバイと呼ばれる葉が細長いタイプ。

⊙実は未熟なうちは赤紫色だが、完全に熟すと黒くなり、表面に白い粉を帯びたようになる。実は直径1〜1.5cmで、硬い種子が1〜2個入っており、鳥が食べて種子を運ぶ。このように白粉を帯びた黒い実は、表面で紫外線を呼吸するものが多い。人の目とはちがって紫外線まで見えている鳥の目には、色づいて見えているのかもしれない。

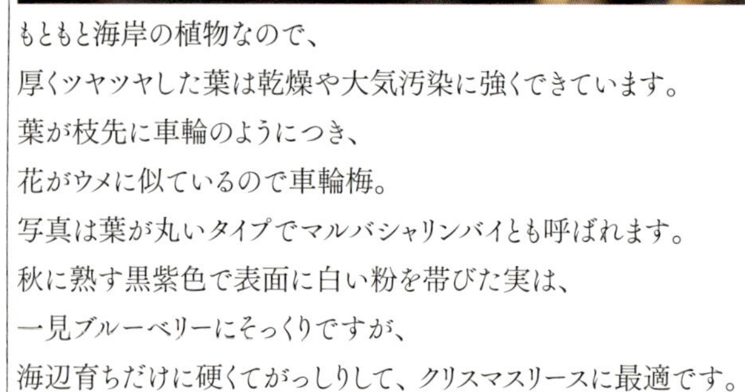

もともと海岸の植物なので、
厚くツヤツヤした葉は乾燥や大気汚染に強くできています。
葉が枝先に車輪のようにつき、
花がウメに似ているので車輪梅。
写真は葉が丸いタイプでマルバシャリンバイとも呼ばれます。
秋に熟す黒紫色で表面に白い粉を帯びた実は、
一見ブルーベリーにそっくりですが、
海辺育ちだけに硬くてがっしりして、クリスマスリースに最適です。

エンジュ

槐

マメ科／落葉高木／公園や街路／動物散布／花…7〜8月、実…11〜2月

⊙真夏、黄白色の花が枝先に集まるようにたくさんさく。花は長さ約1.5cm。つぼみから黄色い染料が採れて薬用とされる。

⊙1〜2月、街路樹のエンジュにはヒヨドリが群がり、生乾きのさやをくわえて、ぐいっ、ぱくっ。一口サイズにちぎれたさやを飲み込み、硬い種子をフンに出す。

中国原産のマメ科植物で、公園や街路樹によく植えられます。
マメ科植物の実のさやは、ふつう熟すと硬く乾くのですが、
エンジュは変わり者で、さやは数珠のようにくびれ、
グミキャンディーのように
やわらかく熟れるのです。
このさやは、鳥に用意されたごちそう。
鳥がついばむと、さやはくびれの位置で
簡単にちぎれ、鳥のおなかに収まります。

原寸

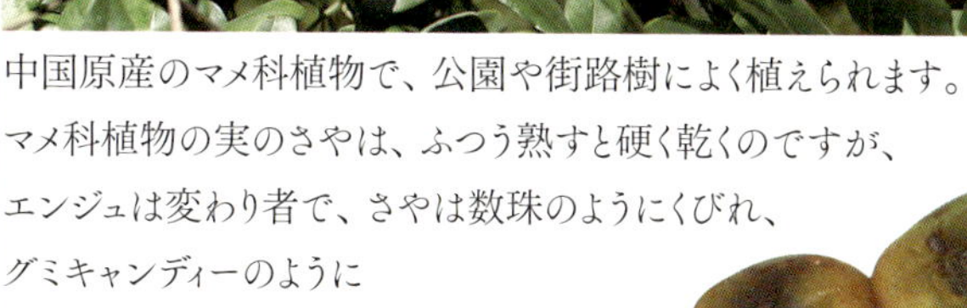

⊙さやは熟すと半透明になる。泡の出る物質のサポニンを含んでいるので内部はネバネバし、木の上で少し乾くと、グミキャンディーのような弾力がでる。昔の人はさやを水にひたして洗濯に使った。

Wisteria floribunda

フジ

藤

マメ科／つる性落葉樹／野山や庭園／自動散布／花…4〜5月、実…11〜1月

日本固有の美しい野生植物で、
春にさく薄紫色の花穂が見事です。
太いつるに育ち、まるでジャックの豆の木のように
ほかの木をおおい、高く巻きついて登ります。
古くから栽培もされ、日除けも兼ねたフジ棚をよく見ます。
夏には大きな豆のさやがたれさがり、
冬に熟して乾くと、ばちん！
一瞬で裂けて弾け、種子を空に飛ばします。

⊙花穂は長さ30〜50cmほど、最大1mに及ぶ。花は長さ2cmで上から順に開き、甘く香ってクマバチ(円内)を呼ぶ。穂のたくさんの花のうち、実を結ぶのはせいぜい3個。栄養資源には限りがあるから、計画的に実の数を制限しているのだ。

3cm

⊙さやは長さ10〜20cm。表面をビロードのようなやわらかい毛がおおう。晩秋に熟して乾くとねじれながら2つに裂けて種子を飛ばす。種子は直径1.2〜1.5cmの薄い円盤状で、フリスビーのように飛ぶ。地面にはねじれたさやの断片が散らばる。

はじけるタネ

スミレ

前

後

⊙熟した実は上向きに裂ける。すると、ほら、3層のボートにタネの乗組員が行儀よく並んでる！　ところがボートは乾くにつれて幅がせばまり、乗組員は次々に、ピッ、ピンッ！　船の外に弾き出され、最後は誰もいなくなる。

シナマンサク

前

後

⊙カバの顔を思わせる実は、熟すとまず口が開き、中のタネがのぞく。するとタネを包む黄色い皮(内果皮)が乾いて縮みはじめ、ついにはくるんと内側に巻き込む。と、その瞬間、タネは勢いよく発射される。

ゲンノショウコ

⊙天をむいたロケット型の実は、一番下の部分にタネを5個抱えている。実が熟して皮が乾くと、くるるん！　皮は瞬間的にめくれ上がり、タネを勢いよく空中に放り投げる。タネが全部飛んだ後の実は、おみこしにそっくり。

ホウセンカ

⊙熟した実はぱんぱんにふくれ上がって今にも破裂しそう。ちょん、と触れると、とたんに、パン！　皮は一瞬で丸まってくだけ散り、十数個のタネはあちこちに飛び散る。実の皮が水を吸ってふくらみ続けるため、破裂するのだ。

アカメガシワ

Mallotus japonicus

赤芽槲

トウダイグサ科／落葉高木／野山や空き地／動物散布／花…6〜7月、実…8〜10月

⊙雌花の穂(左)と雄花の穂(右)。雌花の雌しべは最初は黄色、それから赤く色づく。花は香りがよい。

⊙実が熟すと果皮は裂け、黒い種子がむき出しになる。種子の表面には油の層があり、こすると指が油にまみれる。鳥はこの油を目的に種子を食べ、種子の硬い本体はフンに出される。

⊙左から種子、裂けた果皮、果穂。実には雌しべのなごりととげのようなでっぱりがあり、表面をビーズのような細かい粒がおおう。裂けた果皮は、リングのようにつながって落下する。

空き地ができると真っ先に生えてくる木の一つ。
鳥が運んできた種子は長いこと地面の下で時期を待ちます。
土の温度の変化から地上の変化を
察知すると芽を出すのです。
雌雄があり、雌株だけが実をつけます。
表面にビーズをまぶしたとげとげの実は
秋に裂けて、黒い種子が出てくるしくみです。
昔はカシワのように、葉で食べ物を包みました。

Triadica sebifera

ナンキンハゼ

南京櫨

トウダイグサ科／落葉高木／野山や街路／動物散布／花…7月、実…11〜1月

⊙花は夏にさく。長くたれるのは雄花の穂で、その基に数個の雌花がつく。花はどちらも地味で目立たない。

⊙実は熟すと果皮が割れ、白いロウに包まれた3個の種子が出てきて、枝の先で光る。種子本体は暗褐色で硬い。ロウは高カロリーの油脂で、鳥が食べて種子を運ぶ。暖地では野生化している。

⊙ロウの部分をスズメがつつく。でも、つつくだけでは意味がない。大柄なムクドリやキツツキ類が丸ごと飲み込むことで種子は運ばれる。

中国原産で公園や街路樹に植えられます。
ハート形の葉は風によくゆれて愛らしく、
秋には黄や赤や紫に色づきます。
その紅葉にかくれて白く光る三つ子の実？
でもよく見ると、緑や茶色の丸い実もあります。
実は熟すと果皮を脱ぎ、種子の白い肌を出すのです。
白い物質はロウで、昔はハゼノキ(p.72)と共に
ロウソク原料として栽培されました。

Ailanthus altissima

ニワウルシ

庭漆

ニガキ科／落葉高木／公園や野山／風散布／花…5〜6月、実…10〜11月

別名シンジュ(神樹)。英名はツリー・オブ・ヘブン(天国の木)。
中国原産で公園などに植えられますが、
種子が風に飛んで、あちこちで野生化しています。
鳥の羽の形をした葉がウルシに似ていますが
ウルシ科ではないので、かぶれる心配もありません。
実の形は、翼の両端が軽くねじれてキャンディーの包みのよう。
飛び方は多彩かつ独特で、
拾って投げると、ひらひら、くるくる、楽しいですよ。

⊙雌株(左)と雄株(円内)がある。花は雌雄とも直径7mmと小さく緑白色で地味だが、枝の先の花序は直径30cmほどになり、甘い蜜を出してハチを集める。葉は大きな羽状複葉(鳥の羽のように分かれた葉)。

⊙雌花の子房は花の時期から5つにくびれていて、1個の雌花から最大5個の実ができる。実は長さ3.5〜4.5cmで、薄くて軽い翼の中央あたりに種子があり、翼の両端は軽くねじれる。このため縦方向に回転しながら大きくらせんを描いて飛ぶという複雑な飛行をする。実の形や落ちる角度によってはひらひら舞うこともある。

センダン

梅檀

センダン科／落葉高木／野山や公園／動物散布／花…5～6月、実…11～2月

冬枯れの枝に鈴なりの黄白色の実を見つけたら、
それがセンダンです。西日本の暖地に多く、
細かく分かれた葉や淡い紫の花は涼しげで、
校庭や公園によく植えられます。
古くは「オウチ」と呼ばれ、万葉集にも歌われました。
ことわざの「梅檀は双葉より芳し」の梅檀は、
熱帯産のビャクダンという香木のことで、
このセンダンとは無関係です。

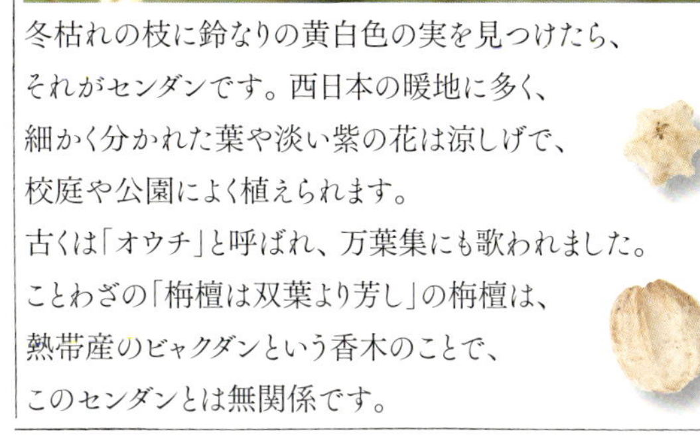

⊙花は初夏にさく。枝先に薄紫色の花が多数集まってさき、よい香りを漂わせる。花は直径2cmで、中心にこい紫色をした雄しべが筒型に集まって立つ。

⊙実は直径1～1.5cmの球形～楕円形で、晩秋に黄白色に熟す。実は苦くてえぐく、表面がしわしわになって枝に残るが、1～2月にほかの木の実がなくなるとヒヨドリやムクドリが一気に群れて食べつくす。タネは4～6すじの角があって非常に硬く、中にはすじの数だけ種子が入っている。タネは、天然のビーズとして用いられる。

ハゼノキ

Rhus succedanea

櫨の木

ウルシ科／落葉小高木／野山や庭園／動物散布／花…5〜6月、実…11〜12月

⊙雄株(左)と雌株(右)があり、雌株だけが実を結ぶ。花は6月にさき、黄緑色の小さな花が房に集まってさく。花は直径約5mm、雌花には小さく退化した雄しべがある。雄花は雄しべを広げてやや華やかに見える。葉は羽状複葉(p.70)。

原寸

⊙実は幅8mm。果肉は、繊維質の間にロウをたっぷり含んでいる。冬を越す前の鳥にとってロウは高カロリーの栄養食。ぱくぱく食べては、硬いタネをフンに出す。この果肉を蒸して圧縮してしぼり、日にあててさらすと、和ろうそく(p.144)の原料となる白いロウができる。

暖地の野山に生え、紅葉が美しいので庭園にも植えられます。
昔はロウソク用のロウを採るために盛んに栽培されました。
紅葉と同時に、実は濃い茶色に熟して
ブドウの房のようにたれさがります。
地味な色ですが、ロウを含んで高カロリーな実は、
鳥たちに大人気。
派手な紅葉は、地味な実の代わりに
鳥を呼んでいるのかもしれません。

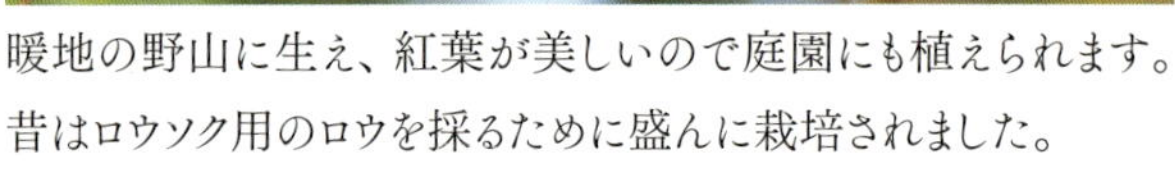

Acer palmatum

イロハカエデ

いろは楓

ムクロジ科／落葉高木／野山や公園／風散布／花…5月、実…11～12月

カエデの仲間の代表格。
野山に生え、庭や公園に植えられます。
葉は5つか7つに裂け、昔の人はそれを「いろはにほへと」と
数えて遊びました。イロハモミジとも呼びます。
カエデの仲間はどれも、薄い翼を広げた実を
2個ずつペアで作ります。
まるで、空飛ぶドラえもんのタケコプターのよう。
実は熟して乾くと1個ずつ、くるくる回りながら風で飛びます。

⊙花は春、葉とほぼ同時に開く。房にさく10～20個の花をよく見ると、おしべを広げた雄花だけ、または雄花と雌花が混じっている。雌花（円内）はすでに小さなプロペラをもっている。

⊙イロハカエデの実は2個がほぼ水平についてタケコプターのようだが、乾いて軽くなっても、この状態ではすとんと落ちてしまう。1個ずつ投げると、重心のかたよりから高速で回転する。

⊙中国原産の**トウカエデ**は街路樹や公園に多い。実はたれて2個ずつ鋭角に向かい合う。

ボダイジュ
Tilia miqueliana

菩提樹

アオイ科／落葉高木／寺や公園／風散布／花…6月、実…9～11月

中国原産で、釈迦ゆかりの木として
よく寺院に植えられています。
ただ本当は、釈迦がその下で悟りを開いたというのは
クワ科のインドボダイジュで、まったく別の南国樹種。
こちらはそれに見た目がちょっと似ている「替え玉」です。
実はとても不思議な形のヘリコプター。
へらのような葉のプロペラに丸い実の乗組員がぶら下がり、
回転しながらゆっくり降下してくるのです。

⊙葉はハート形で裏面は白っぽい。それとは別に、へら状の苞(花や実についている特別な葉)が出て、その下側の途中に花序(花の集まり)の柄がつく。花序の柄と苞の葉脈がくっついているのだ。

2cm

⊙たくさんの花のうち実を結ぶのは1～3個。苞が回転するための翼となり、くるくる回りながらゆっくりと落下する。実は直径8mmで丸い。

⊙仲間の**シナノキ**は野山に生えて大木となる落葉樹で、街路樹としても植えられる。実は直径5mmで先がとがる。

Sapindus mukorossi

ムクロジ

無患子

ムクロジ科／落葉高木／野山や公園／動物散布／花…6月、実…9～3月

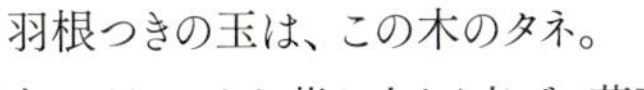

羽根つきの玉は、この木のタネ。
鳥の羽のような葉を大きく広げる落葉樹で、
公園や寺社の境内などで見かけます。
秋には丸い実が独特のあめ色に熟し、
春までの間に地面にぽとぽと落ちてきます。
実は半透明で、光にあてると丸いタネの形が透けて見え、
ふればコロコロ音がします。
昔の人は果皮を洗濯に、タネは磨いて数珠にも用いました。

⊙先端につく葉のない大きな羽状複葉が特徴。花は夏。枝先の花穂に雄花と雌花が混じってさくが、ともに緑白色で直径4～5mmと小さい。

⊙実は直径2～3cm。1個の雌花に実のもと(心皮)が3つあるが、そのうちの1個が育ち、残り2個はポットのふたのような形で残る。タネは直径1～1.3cm。黒くて硬く、数珠や羽根つきの玉に用いる(p.123)。山ではネズミなどの動物が運ぶ。

⊙果皮は泡を出すサポニンという成分を含む。むいた果皮と少量の水をボトルに入れてふると、たちまち泡ぶくぶく。

Aesculus turbinata

トチノキ

栃／橡

ムクロジ科／落葉高木／野山や公園／動物散布／花…5〜6月、実…9月

⊙葉は手のひらのように大きく広がり、その上に高さ25cmの花穂が立つ。多数の花のうち実になるのは数個で、秋にはピンポン玉のような丸い実を見る。

⊙地面に落下した実と種子。山ではリスやアカネズミが冬の食糧にと運んで貯え、その一部が食べ残されて春に芽を出す。

⊙果皮に包まれた実(左)と種子(右二つ)。実は直径3〜5cmで熟すと3つに割れ、1〜2個の種子が転がり出る。種子はでんぷんを豊富にふくみ、粉にして、水でさらしてアクを抜くと食べられる。

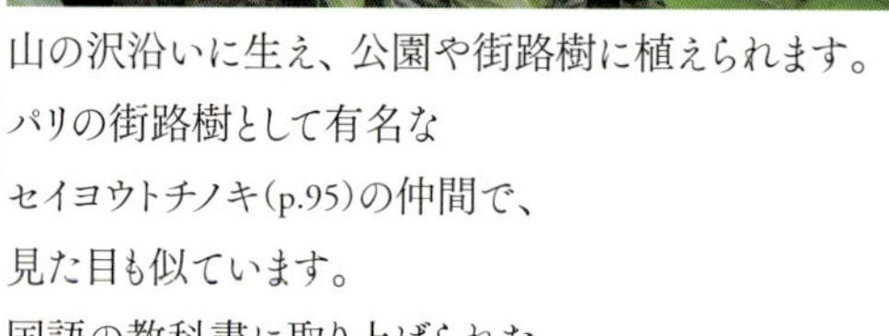

山の沢沿いに生え、公園や街路樹に植えられます。
パリの街路樹として有名な
セイヨウトチノキ(p.95)の仲間で、
見た目も似ています。
国語の教科書に取り上げられた
童話の「モチモチの木」(斉藤隆介)はこれのことで、
大きな種子は「とちの実」と呼ばれて餅や団子に加工されます。
手間はかかるけど、ほっぺが落ちるほどおいしいんですよ!

⊙たわわに実る大木のトチノキ。昔の山里で「栃の実」は貴重な恵みだった。
写真は新潟県の秘境、秋山郷で撮ったもの。江戸時代の飢饉でいくつもの
集落が死に絶えたこの地には、トチノキの巨木の森が今も残されていた。

モチノキ

Ilex integra

黐の木

モチノキ科／常緑高木／庭園や公園／動物散布／花…4月、実…10〜12月

暖かい地方に多い常緑樹で、
厚くつやつやした葉と赤い実が美しく、
公園や庭によく植えられます。
樹皮にガムのようにべとつく
「とりもち」の成分を含んでいるので、
昔はこれを集め、棒の先などにつけて鳥や虫を捕まえました。
雄株と雌株があり、雌株には秋に真っ赤な実がつきます。
クロガネモチやソヨゴも赤い実が美しい同属の仲間です。

⊙花は春。黄白色で直径約5mmと小さく、目立たない。雄株と雌株があり、写真は雄株。雄花には退化した雌しべが、雌花(円内)には退化した雄しべがある。祖先は雄しべも雌しべももった、両性花だったということだ。

⊙実は直径1cmほどで、先端には雌しべの柱頭の跡が黒く残る。中にはしわの刻まれたタネが4個入っている。

⊙同じモチノキ科の**クロガネモチ**。公園や街路樹によく植えられる。雌雄があり、雌株に実がつく。実は直径6mmと小粒だが、枝にびっしりとついて一斉に赤く熟す。

⊙**ソヨゴ**。実は長い柄の先にたれ下がる。中部以西の野山に自生するが、最近は日本でも庭やビルの植栽によく見かける。

Firmiana simplex

アオギリ

青桐

アオギリ科/落葉高木/町や公園/風散布/花…7月、実…9〜10月

⊙花は大きな房に集まってさく。直径約1cmで、雄花と雌花がある。反り返った5枚の萼が花びらの役割を果たす。

⊙1個の雌花から、5個セットの実ができる。実は袋のようになっていて、中の空洞には水がいっぱいに入っている。7月末になると上から裂けて開き、ボート形になる。上から少しずつ開くので水はこぼれない。

公園や街路樹に植えられる成長の早い木。
大きく裂けた葉や全体の姿がキリ(p.108)に似ていて、
枝や幹が緑色なのでこの名がつきました。
秋にはボート型の実が、
まるで枯れ葉の集団のように
がさがさと熟し、回転しながら落下します。
丸い種子をボートの縁にちょこんとのせて。
見れば見るほど不思議で奇妙なボートの実。

原寸

⊙実のボートは長さ5〜9cm。縁に2〜4個の種子を乗せ、くるくる回りながら落下する。種子がしわだらけなのは水につかっていたからだ。

風で飛ぶタネ[2]

翼をもつタネ ―アオギリ―

⊙タネのまわりの薄く広がっている部分を翼という。アオギリやカエデなど、翼の一方の端に重心が偏るタネは回転しながら落下し、風に乗って移動する。

⊙ハルニレのタネは重心が中心近くにあるため、無回転のまま、または、ひらひらと舞って風に飛ばされる。ノウゼンカズラのタネは重心が翼の中央の前側にあり、グライダーのように空を飛ぶ。

綿毛のタネ ―セイヨウタンポポ―

⊙タネの端にとても細い毛の束をつけて、ふわふわと漂うタネもある。このようなタネは暖められて軽くなった空気にのれば、高く舞い上がることができるので、背の低い草やつる植物によく見られる。

⊙タンポポやノアザミの綿毛は萼の変化したもので冠毛という。テイカカズラの毛は種子の一部が変化したもので種髪と呼ぶ。

コラム

ふわふわ、くるくる、風に飛ぶタネ

カプセルに遺伝子情報、はるかな未来に芽を出す

銀色に光る綿毛、回転翼の巧みな設計

動物とはちがって、大地に根を張る植物は動けません。でも、植物はタネという丈夫で精巧なカプセルをつくり、空間を自由に移動することに成功しました。その中に遺伝情報とお母さんのお弁当を積み込んで、タネは風に乗ったり、水に漂ったり、鳥や動物を利用したり、あるいは自ら弾け散ったりしながら、母植物から離れて新天地をめざします。

風は頼りがいのある運び手です。待っていれば来てくれて運んでくれます。とはいえ、風をつかまえるにはそれなりの身支度が必要です。

タンポポは輝く綿毛のパラシュートを広げました。細い毛の一本一本に空気抵抗がかかるため、風が吹くとまるで空に浮かぶようにゆっくりと漂って飛んでいきます。同じキク科の冠毛でも、虫眼鏡で覗いてみるとノアザミのパラシュートの毛は鳥の羽毛のように枝分かれしています。ノゲシの綿毛はまるでアンゴラの毛のように柔らかですが、強度的には脆く、湿気を吸ってすぐへたばってしまいます。反対に綿毛の数は少ないけれども強度があり壊れにくいのはセイタカアワダチソウ。このように綿毛の形状や物理的性質は植物の種類により様々ですが、全体としては総重

ノアザミ

ナンバンギセル

量も軽くできて風に乗れば高く舞い上がることもできるので、このタイプのタネは丈の低い草にもよく見られます。つる植物のテイカカズラのタネは、直径5cmにもなる白い毛のパラシュートを広げてふわりふわりと舞いますが、この毛は直径約20ミクロンと極細のうえになんと中空にできています。植物はとっくの昔に軽い新素材繊維を開発していたのです。

ヘリコプター、プロペラ、そしてダストシード

空飛ぶヘリコプターをつくりだした植物もあります。カエデやマツは、タネの片端に装着したプロペラをくるくると高速回転させて滞空時間をのばし、遠くまで運んでもらおうというわけです。カエデのタネの表面には多数の線状の隆起が刻まれており、これらが整流器の役割を果たして空気の渦の発生を防ぎ、飛行を安定化させています。ボダイジュ(p.74)やアオギリ(p.80)は複数の実をまとめて大型ヘリに輸送させています。ボダイジュは苞と呼ぶ特殊化した葉を翼につけ、アオギリは5つに裂けた実の皮を空飛ぶボートに仕立て上げました。なにを翼に改造するかは植物たちの創意工夫の見せどころです。

街路樹や公園の樹木としておなじみのケヤキ(p.55)は、ちょっと変わった方法でタネを風に飛ばします。実は葉のつけねに小さくくっついていますが、実のつく小枝は晩秋に木枯らしが吹くと決まって枝ごともげ、枯葉を翼代わりにしてひらひらくるくる舞いながら飛ばされていくのです。秋になると葉は基部に離層ができて落葉しますが、ケヤキの実のつく枝だけは個々の葉ではなく枝の基部に離層が作られるのです。プロペラのタネはどうしても重くなる分、綿毛ほどの上昇力は得られないため、このタイプのタネは高く育つ樹木にほぼ限られています。

特別なパラシュートやプロペラの構造を作らなくても、ほこりのように小さくなれれば、タネは軽々と風に舞い上がるはずです。実際それを実現させたのは、ランの仲間やナンバンギセル(p.59)などでした。直径0.1ミリメートル、重さ100万分の1グラムと極小のタネは、母植物からのお弁当を徹底的に削減することで軽量化を計っています。このような「ダストシード」のナンバンギセルは寄生植物で、タネが発芽した直後から寄生相手となるススキやミョウガの根にとりつき、栄養を奪って生活します。つまり寄生植物だからこそ軽量化できたのです。ラン類のタネも、じつは発芽時から土の中にいる菌類に栄養をもらって育ちます。だから小さくてほこりのように軽いのです。

コラム

これって実なの？ 虫こぶ

地面に落ちてきたイスノキの虫こぶ。丸い穴は虫の脱出孔。この穴に唇をあてて吹くと音が鳴る

木の枝に実がなってる、と思ったら、なんだか変だぞ。

マンサク科のイスノキの枝には長さ7cmもある大きな実みたいなものができる。枯れて地面に落ちてきたのを見ると、丸い穴があいていて、中は完全な空洞だ。これって何なの!?

イスノキの樹の上の虫こぶ❶。大きさは5cmほど

虫こぶは、植物の枝や葉に、アブラムシやタマバチなどが寄生してできるこぶ。虫癭（ちゅうえい）とも呼ぶ。虫が注入した物質が植物の成長を狂わせ、変な形の構造が作られてしまうのだ。中では、虫がやわらかい実の中身を食べながら、鳥や肉食昆虫の目を逃れて安全に暮らしている。虫は時期が来ると外に出るが、このとき脱出するための穴がひとりでにできる。

植物の種類によって、虫こぶは色も形もさまざま。中でもイスノキには何種類ものアブラムシがつき、それぞれちがった虫こぶができる。エゴノキ(p.94)やガマズミ(p.140)の虫こぶもおもしろい。きれいに色づく虫こぶもある。

拾ったイスノキの虫こぶに穴から息を吹き込むと、オカリナみたいに笛の音が鳴る。昔は子どもが鳴らして遊んだ。トトロが木の上で吹いてたのも、きっとこれじゃないかな。

イスノキの樹の上の虫こぶ❷。赤ちゃんの握りこぶしくらいの大きさだ。❶と形がちがうのは、寄生しているアブラムシの種類がちがうから

こちらはイスノキの本物の実。熟すと裂けて、シナマンサク(p.67)と同じしくみでタネを弾き飛ばす

コラム

種子はタイムトラベラー

河原で生活するビロードモウズイカ。
種子の寿命は100年以上

タネは風や水や動物を利用して、新しい場所へと旅をする。だが旅は空間に限らない。

一年草は、生活しにくい季節をタネの形でやり過ごす。乾いたタネは眠って休んでいる状態にあり、暑さ寒さや乾燥にも楽々耐えられる。

河原や畑や空き地など、いつ壊されてしまうかわからないような環境では、生き残れるかどうかのカギをタネが握っている。たとえ全滅してでもタネだけは残さないと、その植物に明日はない。そこで、こうした植物のタネは、きまって寿命が長いのだ。

環境の安定した森にも長寿のタネたちがいる。暗い森の地面では若い木は育ちにくい。まわりの木が倒れたりして明るくなった場所ですかさず芽を出すには、寝て待つのが効率的だ。

メマツヨイグサは
空き地や河原の雑草。
種子の寿命は80年以上

しかし、目覚めのタイミングをどう計るのか。

タネの中には、まわりの環境を精密にわかるようなセンサーのしくみをもつものもいる。その感じとる方法はいろいろで、光だったり、温度だったり、温度の変化する幅であったりする。中には、自分の頭の上に葉があるかないかを、光の色の微妙なちがいから読み取り、葉がない時だけ芽を出すという優れモノのタネもある。

こうしてタネたちは自在に時間を旅している。動かないはずの植物は、じつは時間を越えて未来に生命を送る。いわば、タイムトラベラーなのである。

ハスの果托。
上面の穴の中で硬い実が熟す。
種子の寿命は3000年

コラム

タネでつくろう

ドングリで遊ぼう
いろいろつくってみよう

ドングリのコマ

ドングリのお尻にキリで穴をあけ、
ようじをさしてできあがり。
写真はクヌギのドングリ。
クヌギは殻がやわらかいから作りやすい。
お尻をコンクートにこすりつけて
けずっておくと、ようじがさしやすい。

ドングリに油性ペンで顔を書いてみよう!

とんがった方を上にしたら、ほらね、ちゃんと立ちました。
とんがった方を下にしたら、いがぐり頭みたい。
丸いのやとんがってるの、いろんなドングリで遊んじゃいましょう。

ドングリやお椀を使って動物をつくってみよう!

これはアカガシのドングリと帽子でつくりました。

ジュズダマで遊ぼう

ネックレスをつくってみよう

ジュズダマは
野原や空き地に生える
イネ科の多年草。
秋に薄茶色や灰色の
硬くて光る実をつけます。
この実は
中心に穴が通っていて、
そのままビーズになります。
針を使って糸を通せば、
すてきなネックレスがつくれます。
穴につまっている芯を
毛抜きなどで最初に抜いておくと、
針を通しやすくなりますよ。

Elaeagnus multiflora

トウグミ

唐茱萸

グミ科／落葉小低木／庭や野山／動物散布／花…4〜5月、実…6〜7月

野山の低木。
グミの仲間は葉の裏が銀箔をはったように光るのが特徴で、
赤い実も銀箔を帯びてきらきら光ります。
根に根粒菌が共生していて、栄養を取り込んでくれるので、
やせた土地でもよく育ちます。
トウグミの実は渋みが少なく甘くおいしいので、
果樹として栽培されます。実の大きな栽培種もあります。
ほかにナツグミやアキグミの実も甘くて食べられます。

⊙花は春にさき、甘く香る。花の側面や柄もきらきら光る鱗片でおおわれている。葉の裏面は、一面に銀色の鱗片におおわれ、ところどころ濃い茶色の鱗片もまじる。

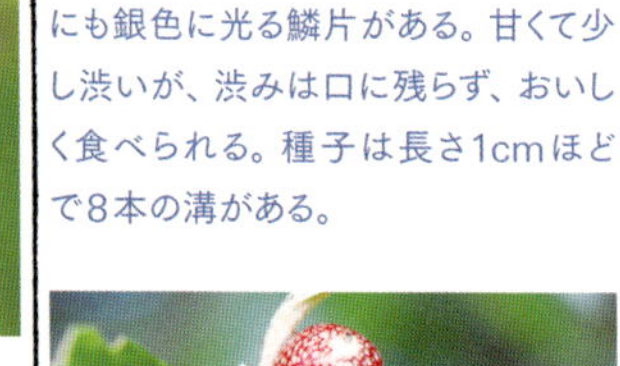

原寸

⊙実は長さ1.5cmくらい。実の表面にも銀色に光る鱗片がある。甘くて少し渋いが、渋みは口に残らず、おいしく食べられる。種子は長さ1cmほどで8本の溝がある。

⊙仲間の**アキグミ**は河原や野原に生え、葉は細長い。実は秋に熟し、丸くて直径約8mmと小さいが、甘酸っぱく食べられる。

イイギリ

飯桐

ヤナギ科／落葉高木／野山や公園／動物散布／花…5月、実…10～2月

⊙雄花(上)と雌花(下)。どちらとも花びらはない。雄花は直径約1.5cmで、黄色い雄しべが多数あって目立つ。雌花は緑色で地味。花は甘い香りがする。

原寸

野山の林や公園で見かける木。
秋から冬にかけて、横に広がる枝から
ブドウの房に似た真っ赤な実がたれさがります。
木の姿はキリに似ていて、昔はこの葉に
ご飯を包んだので「飯桐」という名前がつきました。
雄株と雌株があり、実を結ぶのは雌株だけ。
実はきれいですが、果肉はくさくて苦く、
年が明けても鳥も食べずに冬枯れの枝に残っています。

⊙実の房は長さ20～30cm。実は直径約1cmで、ナンテン(p.45)に似ているが、黄色い果肉の中には数十個の種子が入っている。種子は長さ2mm。果肉はくさくて苦くてまずい。ネズミモチなどの実を食べつくした後に、ヒヨドリが集まってくる。まずくすることで種子の散布時期を調節しているのかもしれない。

Lagerstroemia indica

サルスベリ

百日紅（猿滑）

ミソハギ科／落葉小高木／庭や公園／風散布／花…7～9月、実…11～12月

⊙花びらは6枚。細かく縮れて、まるで千代紙細工のよう。ひとつひとつの花の寿命は二日ほどと短いが、つぼみが次々に育って開くので、100日とはいかないまでも7～9月と長い間、いつも花がさいている。

⊙実は直径1cm程度。まん丸で、熟して乾くと6つに裂けてくす玉のように開き、翼をつけた種子がくるくる回りながら落ちてくる。種子は長さ7mmほど。丸い実の中で成長するため、背側がきれいに丸くなっているのがおもしろい。

中国原産の園芸植物で、
幹がつるつるしていることからサルスベリの名がつきました。
別名の「百日紅」は、夏から秋にかけて
紅色の花が次々にさき続けることから。
まるで千代紙細工のようにひらひらした花の後には、
丸いくす玉の実ができます。
葉が紅葉するころに実は熟し、6つに裂けて開き、
くるくる回るかわいい種子を散らします。

Aucuba japonica

アオキ

青木

アオキ科／常緑低木／野山や庭園／動物散布／花…3～4月、実…12～3月

⊙アオキには雌株（上）と雄株（円内）があり、花粉を出す雄株が近くにないと、雌株には実ができない。結局、イギリスには約80年後に雄株が運ばれ、その後は赤い実がなったとか。花は雌雄ともチョコレート色で直径約1cm。雄株の方が花の数は多い。

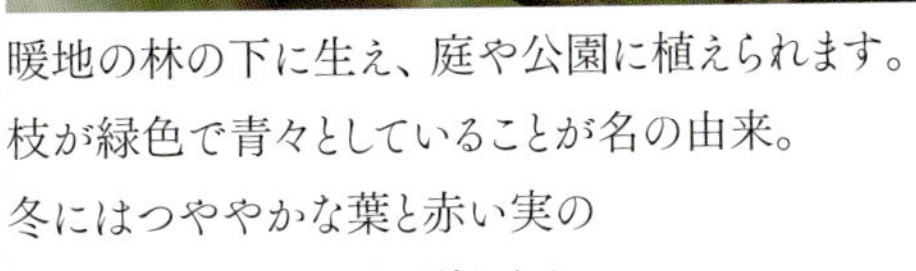

暖地の林の下に生え、庭や公園に植えられます。
枝が緑色で青々としていることが名の由来。
冬にはつややかな葉と赤い実の
クリスマスカラーが目を引きます。
江戸時代末期に日本を訪れたイギリス人は美しさに感動し、
実をつけた株を国に持ち帰りました。
ところが。何年待っても実がつかない！　なぜでしょう？
花がさいても実ができない理由とは……。

⊙実は長さ1.5～2cm、直径1～1.3cm。大柄なヒヨドリなどが実を食べる。タネに硬い殻はないが、弾力性があり、フンに出される。しばしば見られるいびつな実はアオキミタマバエが寄生した虫こぶの実で、赤くならずタネもできない。

ハナミズキ

Benthamidia florida

花水木

ミズキ科／落葉小高木／街や公園／動物散布／花…4〜5月、実…10〜12月

北アメリカ原産で、花も実も紅葉も美しいので、
公園や街路樹に植えられます。
葉も花もヤマボウシ(p.93)に似ていますが、
実は全くちがいます。
1個の花に見えるのは花の集まりで、10個ほどの実が
金平糖のように集まって赤く熟しますが、苦いのです。
ヤマボウシと先祖は同じなのに、
日本とアメリカでなぜちがいが生まれたのでしょう？

⊙花びらに見えるのは「総苞」で、花の集まりを取り巻く葉が色づいて変形したもの。総苞は4枚で先端は丸い。ピンクと白の品種がある。

⊙十数個の花の半分ほどが実を結ぶ。
実は長さ約1.2cmで中には硬いタネが1個。真っ赤に熟し、試しに食べると大変苦い。鳥が丸のみしてタネが運ばれる設計なのだ。日本のヤマボウシ(p.93)はサルに合わせて全体で一つの丸くて甘いフルーツになった。でもサルのいない北アメリカでは、鳥に合わせて一口サイズに進化したのだ。

ヤマボウシ

Benthamidia japonica

山法師

ミズキ科／落葉高木／野山や公園／動物散布／花…6月、実…9〜10月

山の落葉樹で、庭や街路樹に植えられます。
4枚の花びらと見えるのは総苞で、
花はその中心に丸く集まってさきます。
それが平安時代の山法師の格好に似ていたので
この名がつきました。（武蔵坊弁慶を思い出してみて下さい。）
花の集まりはくっついたまま1個の丸い実に育ち、
秋には珊瑚色に熟して地面に落ちてきます。
これが、驚くことに甘くとろけるトロピカルフルーツなのです！

⊙花は梅雨にさく。白い総苞（花や花の集まりを囲む複数の葉が変形したもの）は先がとがって直径10cmになる。中心には20〜30個の花が丸い形にくっつきあう（円内）。花は黄緑色で直径4mm。

⊙実は秋に熟して直径1〜2cm。1個の実に見えるが、じつはたくさんの実が丸く一体化した集合果で、ひとつひとつの実のあとはサッカーボールの模様のように残っている。熟すと内部はとろけ、あまい味と香りがしてマンゴーのようにおいしい。タネは1〜数粒入っていて非常に硬い。山ではおもにサルが実を食べてタネを運ぶ。

Styrax japonica

エゴノキ

野茉莉

エゴノキ科／落葉高木／野山や公園／動物散布／花…5月、実…10〜11月

花も実も愛らしい野山の木で、公園にも植えられます。
果皮を噛むと強いえごみ(のどがイガイガする味。えぐみ)があるのが名前の由来。
秋に果皮は乾いてむけ、硬い種子が枝にたれます。
小鳥のヤマガラ(円内)は殻を割って中身を食べますが、一部を地面に埋めて貯えます。
忘れられた分が春に芽を出すのです。
エゴノキはヤマガラを待つ小さなナッツなのです。

⊙花は5月。直径約2.5cmの白い花が数個ずつ房になり、下向きにたれてさいて甘く香る。

⊙果皮に含まれるえごみ成分は泡が出る物質のサポニン。未熟な実をつぶして水にひたすと泡立つので、昔は洗濯に使った。硬いタネはままごと遊びやお手玉に使える。

⊙枝先に小さなバナナの房のようなものがつくことがある。これはアブラムシの一種が寄生した虫こぶ(p.84)で、エゴノネコアシと呼ばれる。この中でアブラムシが繁殖し、イネ科のアシボソとの間を行き来して生活している。円内は虫こぶの断面。

動物に運ばれるタネ[1]

クルミやドングリなど、硬い殻においしい中身をつめた実をナッツと呼ぶ。
リスは殻を破って食べてしまうが一方で、
別の場所に運んで1個ずつ地面に埋めて貯え、
冬の間に少しずつ掘り出して食べる。
そして貯えられたうちの一部はきまって食べ残され、芽を出すのだ。
エゴノキのように鳥が貯えることによって運ばれるタネもある。

ブナ

北国の豊かな森を作る木。
小粒だが栄養価の高い三角形のドングリ

セイヨウトチノキ(マロニエ)

トチノキ(p.76)の仲間で果皮(左)はとげとげ。
やはりリスやネズミがタネを運んで埋める

チャノキ

ツバキ科の常緑樹で
この葉からお茶を作る。
丸いタネは油分を含む

コラム

時空を旅する タネのふしぎ

多種多様なタネの旅

実りの秋。いつもの庭や道ばたでも、さまざまな植物がタネを実らせています。初夏には白い花が咲きこぼれていたエゴノキも、硬い殻のタネを枝にぶら下げました。私たちのすぐそばで、タネたちは旅立ちの季節を迎えているのです。

タネたちはどのようにして旅をするのでしょう？　その方法はさまざまです。

くるくる回って枝を離れるのはカエデのタネ。小さいながらも精巧な翼を回転させ、風に乗ってヘリコプターのように飛んでいきます。水に流されるタネもあります。タネたちは巧みに自然の力を利用します。

鳥や動物の移動力を利用するタネもあります。エゴノキのタネは堅い殻の中に鳥のヤマガラが好む脂肪分を詰め込みました。一度には食べきれないごちそうを、ヤマガラは別の場所に運ぶと土に埋めて貯蔵します。それもきまってタネが芽を出すのに適した明るい

場所の、ちょうどいい深さに。

森のネズミもせっせと食糧を運びます。どっさり実ったドングリも鳥や動物たちの力でさまざまな場所に運ばれ、しっかり食べ残されて、芽を出します。

とはいえ、旅にリスクはつきものです。うまいこと新天地に芽を出して育つのはごく少数、ほとんどのタネは食べられたり腐ったりして失われてしまいます。

なぜ、植物たちは次世代を担う大事なタネを危険な旅に送り出すのでしょう？

奥が深いタネの世界

植物は動物と違い、ひとたび根を下ろしたらもう動けません。もしタネが運ばれずに親植物の近くで芽を出したなら、土の養分や光や水などをめぐって、親子の間や子ども同士で争いが生じてしまいます。身内との競争を避けて新しい場所にチャンスを広げる。そのために植物は、タネが遠くに運ばれてあちこちばらまかれるよう、翼をつけたり動物を呼び寄せたり、さまざまな工夫をこらしてきたのです。

小さなタネが芽を出して大きく育つ。そのこともまた、不思議です。こんなに小さなタネの中に、芽を出し、葉を広げ、花を咲かせて実を結ぶという生命のプログラムが、生命の源が詰まっているなんて。

それだけではありません。おとなの植物だったら生きていけないような冬の寒さやカラカラの乾燥も、小さなタネは難なく乗り切り、ちゃんと芽を出すのです。それも、一冬だけでなく、何年も何十年も待った後に芽を出すことだってあるのです。

たとえば街の中でビルや家が取り壊されると、更地になったとたんに、さまざまな雑草が生えてきます。風に飛んできたタネもあるけれど、何十年も前の、ビルや家が建つずっと

前から土の中に埋まっていたタネも芽を出しているはずです。明るくなったとか温度が変化したとか、眠っていたタネのセンサーが鋭く働いて、「よし、今だ!」とばかりに発芽してくるのです。タネは休眠する能力と同時に、絶好のチャンスがあればそれを逃さずに目覚める能力もちゃんと備えています。

私たちが踏みしめている地面の下にも、無数のタネが眠っています。もしかしたら、すでに絶滅したとされる植物のタネも、そっと気づかれぬまま、土の中で生きているかもしれません。あなたがけさ、目にした雑草も、じつはあなたが生まれるよりずっと前から土の中で眠っていたタネが芽を出したものかもしれません。

おとなの植物、子どもの植物、そして眠っている無数のタネたち。これらが何十年、何百年という大きなサイクルでゆるやかに世代をつなぎながら生きています。タネは時空を越えるマイクロカプセル。空間的な移動だけでなく、時間をも自在に移動します。ヒトも含めて動物は現在という時間にしか生きられませんが、植物はタネという形で未来へも命を送っているのです。

私たちが見ている姿が自然のすべてではありません。タネの不思議、植物の不思議。見慣れた風景も植物たちも、そう思うと、ほら、きらきら輝いて見えてきませんか?

コラム

イヌマキの実はおいしい!
甘いこけしゼリー

伊豆の正月、集落の片隅の「山神社」に初詣に行った。常緑樹の大木に囲まれた社は、人間の領分である「里」つまり集落や田畑と、神やもののけのすみかである「山」の、ちょうど境目に位置している。昔の人々は、神々に自然の恵みや安全を祈願する一方で、作物を荒らす山の獣や得体の知れないものどもに対しては畏れ崇めつつも「これ以上こっちには来たもうな」と線を引いていたのだ。古来の素朴な自然崇拝が、山の端の社に残っている。

境内で面白いものを拾った。緑の頭部に真っ赤な胴体の、小さなこけし。高さ3cmくらい。「こけし煎餅」というのがあるが、そんな感じ。

これが、イヌマキの実である。正確には赤い部分は「花托」、裸子植物なので緑の部分も実ではなく種子に相当する。

円柱形をした胴は、透き通った赤で、柔らかく弾力がある。食べてみると、まさにゼリー菓子。とろりと甘い。

赤くて甘いこけしゼリーは、本来は鳥のための駄菓子だ。お買いあげのうえ喜んで食べていただいて、緑のおまけ(つまりタネの本体)はどこか新しい場所に運んでいってばらまいていただく。

タネの本体である緑の丸い頭は、堅く、うっすらロウをふいて、やにくさい。かみ砕かれたくないという硬ばった表情をしている。タネは無傷で運んでもらいたいわけだ。

山の小さなこけしゼリー。道に散らばっていても今は誰も目もとめないけれど、昔の人には最高のゼリービーンズだったんだろうな。

イヌマキ

コラム

心も弾むコバルトブルー

リュウノヒゲの「竜の玉」

冬の林に青い宝石が眠っています。

樹下にこんもり丸く葉を広げるリュウノヒゲ。ユリ科の常緑多年草で、別名ジャノヒゲ。ぴんと孤をなす細い葉を、伝説の竜もしくは大蛇(おろち)の口髭に見立てた名です。

冬につける直径8ミリほどの丸い実は、コバルトブルーに輝き、宝石のラピスラズリのよう。この実を「竜の玉」とも呼びます。竜の首についているという宝玉のことです。

さっそく宝探し。立って見下ろしていても見つけられません。かがんで葉をかき分けると、きらっ、ころろん！　輝く碧玉がころがり出てきます。なんてきれいな色でしょう！

植物学的には、これは「果実」ではなくて「種子」だといいます。果皮にあたる部分が花後にはげ落ち、むき出しになった種子が青く熟すのです。青いのは種皮。中の種子本体はオパールのような乳白色で、硬く弾力があります。

青い皮をむいて乳白色の玉をとりだし、敷石かコンクリートの地面に思いっきり投げつけてごらんなさい？

…ポ〜ン！

びっくりするほど高く弾みます。そう、天然のスーパーボールなのです！　かつて子どもたちはこれを竹鉄砲の弾にして遊んだりもしたんですって。

冬の林にきらり。澄んだ空に、宝石が弧を描いて弾みます。

リュウノヒゲ

Fatsia japonica

ヤツデ

八つ手

ウコギ科／常緑低木／野山や公園／動物散布／花…11〜12月、実…3〜5月

⊙花は初冬。白い花がピンポン玉くらいの大きさに丸く集まり、それが重なり合ってにぎやかだ。花はまず雄しべが伸び（上）、花びらと雄しべが落ちてから雌しべが伸びる（下）。花の上側の面はスポンジのようになり、蜜のしずくを出す。

原寸

⊙実は直径7〜10mm。ワイン色から黒く熟す。灰色の帽子は、花の時期に蜜を出していた部分、てっぺんの毛は雌しべのなごりだ。種子はふつう5個入っていて、長さ4〜5mmでやや平べったい。

暖地の海沿いの林に生え、
日かげに強く、庭や公園に植えられます。
手のひらのように深く裂けた葉が名の由来。
冬の始めには、打ち上げ花火のような白い花序が、
大きな葉の上に立ち上がります。実が黒く熟すのは春の終わり。
よく見ると、実は灰色の帽子をかぶり、
そのてっぺんに数本の毛が。
なんでこんな変てこな形なのでしょう？

マンリョウ

万両

サクラソウ科／常緑低木／野山や庭／動物散布／花…7月、実…11〜6月

⊙花は夏の盛りにひっそりとさく。花は白く直径8mmで、花びらを反り返らせてうつむく。

正月を飾る赤い実。緑の葉のかげに隠れるようにして、
つぶらな実は恥ずかしげに下を向きます。
名は美しい実に万両の価値があると讃えたもの。
名が対をなすセンリョウ(p.52)とともに
縁起のよい植物とされます。
鳥が種子を運びよく増えるため、園芸植物として渡った
アメリカ南部では、自然林に入り込んで、
困りものの外来種となっています。

⊙実は直径6〜8mmの丸い形で、先端に枯れた雌しべが残る。鮮やかな赤に誘われて鳥は実を食べるが、あまりおいしくないので翌春(時には夏)まで残る。水っぽくて栄養があまりないので、鳥も少しずつしか食べないのだろう。でも、そのおかげで、少しずつあちこちに、タネはまんまと運ばれる。タネは直径5〜6mmで、表面に手毬のようなすじがある。

ネズミモチ

Ligustrum japonicum

鼠黐

モクセイ科／常緑小高木／野山や公園／動物散布／花…6月、実…11～12月

⊙モクセイ科には香りのよい花が多いが、ネズミモチの花のにおいはあまりよくない。花は直径5mmほどで、花びらの先は4つに割れる。

⊙実は長さ1cmほどで、紫がかった灰色に熟す。中に1～2個の種子が入っていて、鳥が実を食べて種子をばらまく。

⊙よく似た種類に中国原産の**トウネズミモチ**があり、都市の公園などに植えられて一部は野生化している。花はネズミモチより遅く6～7月にさく。秋に熟す実は丸っこくて白い粉を帯び、種子の形もネズミモチとは異なる。

暖地に生える植物で、庭や公園によく植えられます。
名は、葉がモチノキ(p.78)に似て、
黒っぽくて細長い実がネズミのフンを思わせることによります。
ヒヨドリはこの実が好きで、枝にたくさんなった実も
たいてい年内に食べつくされます。
鳥にも好みがあるようで、よく似たトウネズミモチの実は
たいてい年が明けてもまだ枝に残っています。

Gardenia jasminoides

クチナシ

梔子

アカネ科／常緑低木／庭園や野山／動物散布／花…6〜7月、実…11〜1月

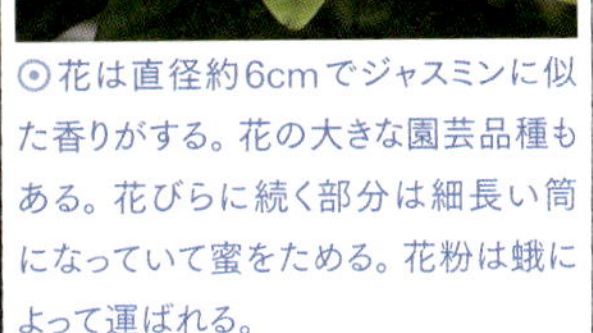

⊙花は直径約6cmでジャスミンに似た香りがする。花の大きな園芸品種もある。花びらに続く部分は細長い筒になっていて蜜をためる。花粉は蛾によって運ばれる。

⊙実は先端に萼片が残る。橙色に熟すと果肉も果皮もやわらかくなり、鳥がくちばしでつつけば穴が開いて、果肉が食べられるようになる。果肉の中には朱色をした硬い種子がぎっしり。種子は直径約3mmで平べったい。写真の実には195個も入っていた。干した実は食品に色をつけるために使われる(p.143)。

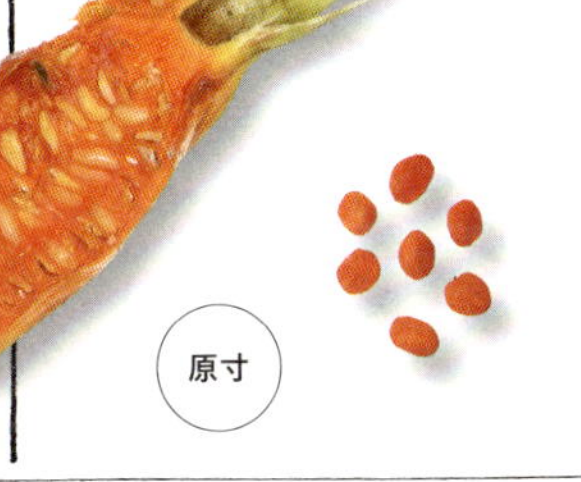

香りの花と色素の実。純白の花はとてもよい香りがします。
庭や公園に植えられますが、
もともとは日本の暖地の植物です。
朱色の実からは黄色い色素がとれ、タクアンやきんとんやお菓子などの着色に使われます(p.143)。
実の形は独特で、熟しても口が開かないことから「口無し」の名もつきました。口出し無用という意味で、碁盤の脚は、この形をまねてつくられています。

ムラサキシキブ

Callicarpa japonica

紫式部

シソ科／落葉低木／野山や庭園／動物散布／花…6〜7月、実…10〜1月

雑木林に生え、庭園にも植えられて、
秋には紫色の実が宝石のように輝きます。
名は、美しい紫を平安時代の女流作家、
紫式部にたとえたもの。
鳥に食べてもらいたい実は赤や黒など目立つ色で鳥の気を
引きますが、紫色の実はこの仲間くらいで多くありません。
実は小粒でやわらかく、メジロなど口の小さな鳥が
ついばんでタネを運びます。

⊙淡い紫の直径3〜4mmの花が、葉のそばにまとまってさく。長い雄しべが繊細な印象だ。以前はクマツヅラ科だったが、新しい分類ではシソ科になった。

⊙実は直径約4mm。果肉は白くやわらかで、ほんのり甘い。1個の実にタネは4個。冬を越す芽は、幼い葉が裸のまま春を待つ「裸芽」で、この仲間がもともと南から来たことを示している。

⊙一般にムラサキシキブとして栽培されているものの大半は、近い仲間の**コムラサキ**（写真上）である。実は直径約5mmで、しだれた枝の上面に密集してつく。

Lycium chinense

クコ
枸杞

ナス科／落葉低木／野山や道端／動物散布／花…7〜11月、実…9〜11月

⊙花はきれいな紫色で、夏から秋の終わりごろまで次々にさく。花は直径約1cmで5つに裂けて広がり、5本の雄しべを外に突き出す。さき終えた花は薄茶色に変わる。

⊙実は長さ1〜1.5cmほどで、中身はミニトマトそっくり。滑らかでジューシーな果肉と種子がつまっている。直径2.5mmで平べったい種子は、一つの実に数個から十数個入っていて、果肉と一緒にちゅるんと口の中に滑りこむ。野外では鳥に食べられ、運ばれる。

明るい野原の低木で高さ1mほど。
町中でも駐車場のはじや線路際などで見かけます。
四方にのびる枝のところどころに鋭いとげがあります。
ナス科の薬用植物で、
一見トウガラシに似た、
ルビーのように赤い実は、生で食べるとほのかな甘みと苦み。

実の乾燥品が市販され、料理や健康酒に使われます。
若い葉はおいしい山菜で、佃煮は絶品！

⊙**ヒヨドリジョウゴ**はナス科のつる植物で野山に生える。クコに似て丸い実をつけるが、有毒で食べられない。

Paulownia tomentosa

キリ

桐

キリ科／落葉高木／人里／風散布／花…5月、実…11～1月

中国南部原産で、昔はたんすなどの
材料として集落に植えられました。
ほこりのような種子は風に乗って遠くまで移動し、
若い木はすくすく育って巨大な葉を広げます。
莫大な数の種子を散らして明るい場所に素早く入り込み、
チャンスを広げる作戦なのです。
写真は夏で、今年の若い実(緑)と
前年の裂けた実(茶)の両方が見えます。

⊙キリの若い実。

⊙関東では5月の連休のころ、枝の先に高さ50cmほどの大きな花の房が立つ。花は長さ5～6cm、きれいな藤色で、葉が開く前にさき、遠くからでもよく目立つ。

⊙熟した実のてっぺんが割れて、タネが飛んでいる様子。

⊙実は長さ3～4cm。写真(断面)を見ると、中は二つの部屋に分かれていて、小さな種子がぎっしり。秋に硬く乾くと先から二つに裂け、風に種子が舞う。種子は長さ3～4mm。

⊙肉眼だとほこりのようだが、虫眼鏡でのぞくと、びっくり。縁にフリルのような翼が二重、三重に重なりあい、バレリーナの衣装のように美しい。

サンゴジュ

Viburnum odoratissimum

珊瑚樹

レンプクソウ科／常緑小高木／街や野山／動物散布／花…6月、実…8〜10月

庭や公園に植えられ、西日本では野生も見られます。
厚くつやつやした葉は水を多く含んで燃えにくく、
防火も兼ねて生垣に使われます。
名前は、赤い実を、珊瑚の玉に見たてたもの。
実は、8月から10月にかけて長期間美しく色づきます。
でも赤いのは硬くて渋い未熟な実。
完全に熟せば黒くなり、やわらかく甘酸っぱくなるのです。
鳥は黒い実だけをついばみ、準備OKのタネを順に運びます。

⊙ガマズミ(p.140)と同属で、白くて小さな花が集まって長さ15cmほどの花序(花の集まり)を作る。マルハナバチやアオスジアゲハが訪れる。葉は光沢があり美しいが、しばしばサンゴジュハムシにたべられて穴だらけになってしまう。

⊙実は長さ7〜9mm。未熟な実は赤いまま枝に長くついていて、秋の間に少しずつ熟す。黒く熟した実を鳥は目ざとく見つけて食べるので、見た目は赤い実ばかりになる。熟した実は黒くしてわかりやすく、未熟な実と軸は赤くして目立ちやすくする。巧みな戦術だ。実の中にタネは1個あり、長さ6mmで硬く、腹側にへこみがある。

Trachycarpus fortunei

シュロ

棕櫚

ヤシ科／常緑高木／庭や緑地／動物散布／花…5〜6月、実…11〜2月

亜熱帯生まれのヤシの仲間。
直径80cmの深く裂けた葉が特徴です。
九州南部には野生のものが生えていて、
暖地の庭や公園にも植えられます。
株に雌雄があり、雄花のつぼみは一見カズノコのようです。
実は直径約1cm。この小さな「ヤシの実」はヒヨドリの大好物。
食べては種子をあちこちにばらまくため、
最近は都市近郊に野生化しています。

⊙花期の雄株(左)と雌株(右)。雄しべと雌しべをあわせもつ両性花をつける株も少数ある。幹をおおうあらい繊維は、園芸用の縄やたわしの原料とされる。

⊙成熟した実(左)は長さ1cmほどで、表面は白い粉を帯びる。べとべとする果肉の下には硬い種子が1個(右)。おもにヒヨドリが食べて種子を運ぶ。

⊙発芽した直後のシュロ。最初に出る葉は裂けない。薄暗い林の中でもよく育つ。ヒートアイランド現象により、都市のシュロは近年さらに増えている。

コラム

種子とクローン

植物が動物とちがうのは、動かないことや休眠能力だけではない。植物は、まるで指先から子どもを産むように、自分の分身、つまりクローンを作ることができる。体の一部を球根やイモ、ムカゴ、ランナーといったものに作り替え、増えることができるのだ。ジャガイモなどの多くの多年草がこうした増え方をする。樹木では、アカメガシワ(p.68)やニセアカシアが、根のいろいろな所から芽を出して増える。外来種のニセアカシアはこの能力のおかげで1本から短期間で林に増え、全国の河川敷や山林にはびこっている。

クローンを作って増えるのは、とても便利な方法だ。花から実を作るためには、手間をかけて虫を誘ったり、受粉させたり、タネを運ばせたりしなければならないが、クローンを作れば、いきなり大きな子どもをどんと作れる。雌雄もないので増えるスピードも速い。

道路に育ったアカメガシワ。
鳥がタネを運んでアスファルトのすきまで芽を出した

山奥の谷にさくニセアカシア。アカシアと呼ばれて蜂蜜が採れるが、クローンで増えて困った外来種となっている

ニセアカシアの根から生えた新しい芽。
雑草の間からたくさん伸びている

それでも手間をかけて種子を作るのはなぜだろう。

種子には大きく2つの利点がある。1つは時空を超えて広い範囲に旅ができること。もう1つは、花をさかせてほかの花の花粉を受け取って種子を作っているので、いろいろな子どもができることだ。さまざまな性質の子どもがいれば、たえず変わり続ける環境の中でも、うまく生き残り、順応していける。

だからこそ、植物は花をさかせて実を結び、タネをばらまく。

第2章 自然の中で見られる木の実

Juglans mandshurica

オニグルミ

鬼胡桃

クルミ科／落葉高木／山や河畔／動物散布／花…4月、実…9〜10月

⊙雄花(左)と雌花(右)。雄花は長い穂にたれて、花粉を風に飛ばす。雌花は赤い柱頭をひだ状に広げ、飛んでくる花粉を受け止める。

⊙上から順番に、厚い皮を着込んだ実、皮を半分剥いだ実、硬い殻の実、殻を半分に割ったところ。脂肪を貯えた子葉は何重にも守られている。子葉の脂肪は、落ち葉の層を芽が突き破り大きく育つためのエネルギーに使われる。アカネズミやリスは実を運んで埋めるが、食べ忘れられた一部が芽を出す。

林や水辺に生える野生のクルミ。
樹の上では緑色の厚い皮に包まれて育ちますが、
熟して落ちると皮は腐り、硬い殻の実が転げ出ます。
栽培されるクルミよりも殻が厚くて割るのは大変。
丈夫な歯をもつリスや森のネズミは、
殻の壁を破って中身を食べる代わりに、
一部を運んで埋めて、タネまきを手伝います。
水辺では水に浮いて運ばれます。

流されていくタネ

水に流されて旅をするタネもある。
タネは、軽いコルク質におおわれたり、空気を貯えたりして水に浮き、
ときには海の流れにのって何千キロも離れた海岸にたどりつく(p.152)。

サキシマスオウノキ
沖縄などの亜熱帯の水辺に生える。
ウルトラマンの顔を思わせる実は、
硬い殻の内部に空気をためて
水に浮き、川を下ったり、
潮の満ち引きに漂ったり
しながら、新しい岸辺の
泥地で芽を出す。
海流に乗って
本州の海岸に
打ち上げられることもある

ヒシ
沼の水生植物。
実は水に運ばれ、
両端の突起の
逆さとげが碇になる

オヒルギ
亜熱帯のマングローブ林
(海沿いの湿地林)の植物。
親植物についたまま芽を出す。
芽は親を離れると水面を漂う

クロヨナ
南西諸島の
マメ科の高木。
硬いさやは
海の流れによって
運ばれる

Alnus japonica

ハンノキ

榛の木

カバノキ科／落葉高木／水辺／風散布／花…12～2月、実…10～12月

⊙冬のうちから雄花は穂を長くたらす。風媒花(風で花粉を飛ばす花)で、雄花は大量の花粉を飛ばすので花粉症の原因となる。雌花は上向きの短い穂につき、赤い柱頭をだして花粉を受ける。

原寸

指先サイズのミニマツボックリ?
いいえ、ちがいます。葉っぱもマツではありません。
これはハンノキ、水辺に生える落葉樹の果穂、
つまり実の集まりです。
マツボックリと同じように、ぬれると閉じ、
乾くと開いて硬いタネを散らします。
若い緑色の果穂が育つ間も、前の年の古い果穂は
まだ枝に残り、ぬれて乾いては開いたり閉じたりを繰り返します。

⊙写真は乾いた果穂。マツボックリのような果穂は長さ1.5～2.5cm。すき間からこぼれるタネが本当は実。タネは長さ3～4mmで平たく、風に散ったり水に浮いたりして運ばれる。果穂はこわれにくく、クリスマス飾りやアクセサリーに使われ、天然の染料としても利用される(p.142)。

ツノハシバミ

Corylus sieboldiana

角榛

カバノキ科／落葉低木／野山／動物散布／花…3～4月、実…9～10月

山の林道沿いなどで出会う変てこな実。
角の生えた実がくっつきあって枝にぶら下がり、
秋に熟してかたまりごと地面に落ちてきます。
じつはヘーゼルナッツ（セイヨウハシバミ（p.151））の仲間で、
毛むくじゃらの服と硬い殻を脱げば、
中身はおいしいナッツです。
山ではリスやネズミが冬の食べ物として運んで貯え、
忘れられて芽を出します。

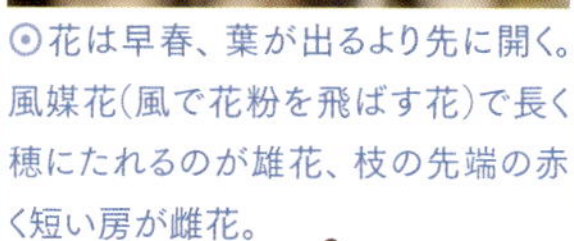

⊙花は早春、葉が出るより先に開く。風媒花（風で花粉を飛ばす花）で長く穂にたれるのが雄花、枝の先端の赤く短い房が雌花。

原寸

⊙秋に熟すと、実は2～5個くっつきあったまま地面に落ちる。毛の痛い外皮は、苞（花や実につく特殊な葉）が袋のようにのびて実を包んだもの。その皮をむくと中に硬い殻の実がある。ドングリと同様にお尻の部分があるが、これはお母さんの木から栄養をもらっていたなごり、いわば「おへそ」。殻を割ると、コクのあるおいしいナッツがつまっている。

Ficus erecta

イヌビワ

犬枇杷

クワ科／落葉小高木／野山／動物散布／花…通年（雌株は5〜8月）実…8〜10月

野山に生えるイチジク（p.24）の仲間。
上の写真は雌株の黒く熟した実で、甘くおいしく食べられます。
でも、うっかり雄株の花を食べたりしないでね。
雄株の花には、唯一無二のパートナーである
イヌビワコバチが住んでいるからです。
イヌビワは雄花をハチの育児部屋に提供し、
ハチは若い雌花の内部に花粉を運びこみます。
互いに相手を必要とする共生関係にあるのです。

⊙これは実ではなく、雄株の雄花。赤く色づいて口を開いているのは、中から花粉をつけたイヌビワコバチが羽化して出てくる時期だから。

⊙雄花の断面。雄花の内部でイヌビワコバチが羽化し、開いた口から花粉をつけて外に出る。

⊙雌株の熟果。直径1.5〜2cmと小さいが、断面も味もイチジクそっくり。鳥やサルが実を食べる。

Morus bombycis

ヤマグワ

山桑

クワ科／落葉小高木／野山／動物散布／花…4月、実…6〜7月

⊙株ごとに❶雌花だけ、❷雄花だけ、❸雄花と雌花の両方、の3タイプがあり、❷の雄株は結実しない。雌花の白い糸は雌しべの柱頭、緑色をしたつぶの部分が太って実になる。

⊙集合果は長さ1〜1.5cm。白から赤を経て黒く熟す。雌しべの花柱は長く突き出て残る。タネは長さ1.5mmと小さく、けものの歯の間をすり抜ける。

クワの仲間の野生種。実の粒がキイチゴのように集まった集合果(p.24)で、初夏に黒く熟します。甘くおいしいですが、口や舌は紫に染まります。赤い未熟な実が少しずつ黒く熟すので、枝に赤と黒が混じり、二色効果(p.138)が働いて、鳥が見たときに目立つと同時に、一目で熟した実を選べて効率的です。落ちた実はタヌキなどが喜んで食べます。

⊙**クワ**は中国原産で養蚕用や食用に栽培される。集合果は長さ1.5〜2.5cmで柱頭は短い。初夏に黒く熟して甘い。

ヤドリギ

Viscum album

ヤドリギ科／常緑低木（寄生）／樹の上／動物散布／花…3〜4月、実…11〜3月

ヤドリギは寄生植物です。
ほかの木の樹上で生活し、
冬が近づくと半透明の黄色い実を枝の先に光らせます。
レンジャク類はこの実を好み、連日集まってついばみます。
ところが実には、ねばねばした物質が含まれるため、
鳥のフンもねばって、お尻からたれさがります。
出された種子が木の枝にくっつくと、
芽が出て新しいヤドリギが育ちます。

⊙落葉樹の枝に寄生するための根をおろし、水やミネラルを奪って生活する。直径が最大で1mほどの丸い形になり、冬に目立つ。写真のケヤキのほか、ブナやシラカバなどにも寄生する。株に雌雄があり、雌株に実がつく。花は目立たない。

原寸

⊙実は直径約8mm。半透明でゼリーのような甘い果肉の中には、強力にねばる種子が1〜2個入っている。種子をつまむとねばる糸が長く伸びる。食後休憩中のヒレンジャクのお尻からも、消化されない種子が納豆のように糸を引いてたれる。

動物に運ばれるタネ[2]

わざと動物に食べられてタネを運ばせる植物もある。
空を飛んで移動する鳥は、願ってもない運び手だ。
鳥は目はいいが鼻はよくない。
そこで鳥に食べてほしい実は、目立つ色で「ここだよ」と誘い、
おいしい果肉の中にタネを隠して飲み込ませ、
ちがう場所でフンに出してもらうのだ。
でもまとめて出されては困る。少しずつがいい。

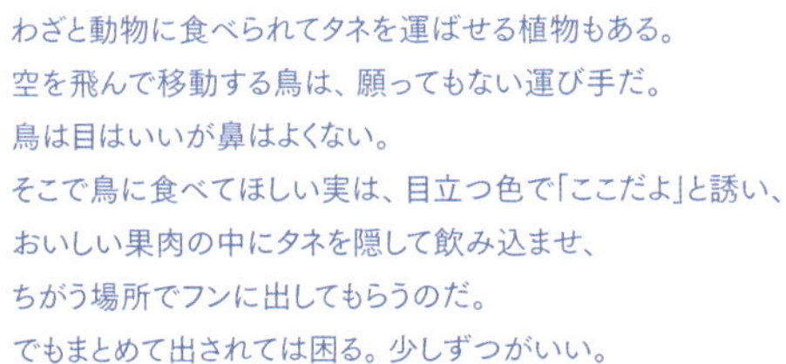

少しずつ食べさせる工夫

おいしい実

おいしい実は一度に全部は熟さない。
少しずつ熟しては色を変え、しっかり熟した実を選ばせる。

おいしくない実

少しの毒やまずい味を含んでいれば、
鳥は仕方なく少しずつ食べ、長期的にあちこち運ぶ。

Buckleya lanceolata

ツクバネ

衝羽根

ビャクダン科／落葉低木／野山／風散布／花…5〜6月、実…11月

⊙花は初夏。雄株と雌株があるが、花はともに緑色で目立たない。花はしだれた若枝の先につき、雌花(上)は1個ずつ、雄花(下)は数個ずつ咲く。花は直径5mmほど。雌花には4枚の苞があり、これが翼に育つ。

ツクバネは「衝羽根」と書きます。
正月の羽根つきの羽根のことです。
山で見つけたこの実は、確かにあの羽根にそっくりです！
ほかの樹木の根に寄生する半寄生植物で、
乾いた尾根道でよく見られます。
秋に熟すと実は下向きにつり下がり、
木枯らしにちぎれて、くるくる回りながら飛びます。
雄株と雌株があり、雌株だけに実がつきます。

⊙ツクバネの熟した実。羽根は苞が変形したもの。実の本体は長さ約1cmで、先端に長さ約2.5cmの羽根を4枚つける。

ツクバネウツギ

衝羽根空木

スイカズラ科／野山／落葉低木／風散布／花…5～6月、実…9～11月

原寸

⊙5枚の羽根は萼片が変形したもの。熟した実の本体は長さ約13mm。枝を離れると、驚くほどの高速回転で舞い降りる。

⊙花は初夏。釣り鐘型をした花が枝の先に2個ずつ咲いて垂れ下がる。花びらの内側の黄色い網目模様はハチを誘う目印だ。実に育つのは萼より奥の部分で、花の時期には一見、花柄のように見える。

⊙**ハナゾノツクバネウツギ**。アベリアとも呼ばれる園芸植物で、公園によく植えられる。白花もある。萼片の羽根は2～5枚。種間交配雑種なので、種子が育たない実が多い。

原寸

明るい雑木林で見られる小型の木で、
初夏にはクリーム色の花をつり下げます。
花が終わると5枚の萼片はそのまま残って、
実を風に飛ばすプロペラ翼に育ちます。
枝に若い実がついているさまは、
星形の花が咲いているみたいです。
名は、この実が正月の羽根つきの羽根を思わせ、
葉や枝の様子がウツギ(p.58)に似ていることからつきました。

⊙これが正月の羽根つきに使う「衝羽根」。ムクロジ(p.75)の黒い種子に鳥の羽毛をつけたもので、羽子板で打ち合って遊ぶ。植物のツクバネやツクバネウツギの名は、実がこの形によく似ているところからつけられた。

サネカズラ

Kadsura japonica

実葛

マツブサ科／つる性常緑樹／野山／動物散布／花…8～9月、実…10～1月

厚くつやつやした葉をつけ、暖かい林に生えます。
「さね」は実、「かずら」はつるの意味。
和菓子の鹿の子に似ている赤い実がきれいなので、
庭や垣根に植えたりもします。
マツブサ科は古いタイプの被子植物で、
1個の花にたくさんの雌しべがあります。
その一つ一つが、丸い果床のまわりで実に育つので、
全体では1個の集合果が作られます。

⊙花に雌花(上)と雄花(下)があり、株によってどちらか片方をつける単性株と両方がつく両生株がある。雌花の中心には緑色をしたたくさんの雌しべが丸く並んで、そのひとつひとつが受粉して丸い集合果ができる。雄花の雄しべは赤または黄色で、同様に丸く並ぶ。直径約1.5cm。

⊙集合果は直径3～4cm。写真は断面。切ると、やわらかいボールのような形の土台部分(果床)があり、その赤い表面に赤い実がのっている。実は直径約8mmで、中に薄茶色の種子が見える。鳥が実を食べた後には赤い果床が残される。

Staphylea bumalda

ミツバアケビ

三葉木通

アケビ科／つる性落葉樹／山／動物散布／花…5月、実…9〜11月

⊙アケビの葉は5枚セット。実(左)は白っぽく熟し、果肉は甘くおいしい。果皮も肉詰めなどに調理して食べる。雄花は雌花より小さい。

⊙花はチョコレート色。基の方についている大きな花は雌花(右)で1〜3個まとまってさき、小さな雄花(左)は先の方に十数個さく。雌花には雌しべが数本あり、1つの花から複数の実が育つこともある。

秋になるとデパートの果物売り場に紫色の実が並びます。
これがミツバアケビ、山形県では栽培もされています。
アケビの仲間で葉が3枚1組なのが名の由来。
5枚1組のアケビの実も同様においしく食べられます。
熟すと皮が割れ、黒いタネを含んだ白い果肉がのぞきます。
果肉はゼリーのようにひんやり甘くてとても美味。
人間はタネをペッと吐き出しますが、
動物はそのまま飲み込み、どこかでフンに出すというわけ。

⊙種子を運ぶのはおもに木登りのうまいサル、クマ、テン。だがクマやサルは大食いで、一度にどかんと出されてしまう。そこで種子は端にアリを誘うゼリーをつけた。フンに出た種子を、アリがさらに別の場所へ運んでくれる。

Actinidia arguta

サルナシ

猿梨

マタタビ科／つる性落葉樹／山／動物散布／花…5〜7月、実…10〜11月

⊙花は直径約1.5cm。両性株と雄株がある。この写真は両性花なので実を結ぶ。

⊙実は長さは約2cmでとてもおいしい。しかしタンパク質を分解する酵素を含むため、食べ続けていると、舌が溶かされて甘みを感じなくなり、食べるのが苦痛になって食べられなくなる。パパイヤやパイナップルも同じ酵素をもっていて、大食いのサルが一度に食べないよう制限している。種子は小さいので、けものの歯の間をすり抜ける。

一口サイズの「ベビーキウイ」。そんな名前でも売られますが、
もともとは日本の山のフルーツです。コクワともよばれます。
キウイの仲間で味も香りもそっくり。
山ではサルやクマが食べてタネをフンに出します。
でも、大食いの動物が一気に食べたら、
タネもまとめて出されてしまって、
たくさんのタネが同じ場所にしか運ばれません。
一気に食べさせないためには…？　（答えは右にあります。）

⊙**マタタビ**(p.145)はサルナシの仲間。ネコを引きつける。実は秋、朱色に熟して辛味がある。

Chaenomeles japonica

クサボケ

草木瓜

バラ科／落葉低木／野山／動物散布／花…4〜5月、実…10〜11月

里の野道や雑木林に生え、
花が美しいので庭園にも植えられます。
中国原産の園芸種であるボケに似ていて、
草のように低く茂ることから「クサボケ」と名がつきました。
実の形がナシに似ているので「ジナシ」とも呼ばれます。
春には朱色の花が集まってさき、
秋にはピンポン球くらいの大きさの実が
ごつごつと枝について甘く香ります。

⊙幹は地面をはうように伸びて広がり、高さ30〜100cmになる。枝のあちこちにとげがあって痛い。花は明るい朱色で直径約3cm。

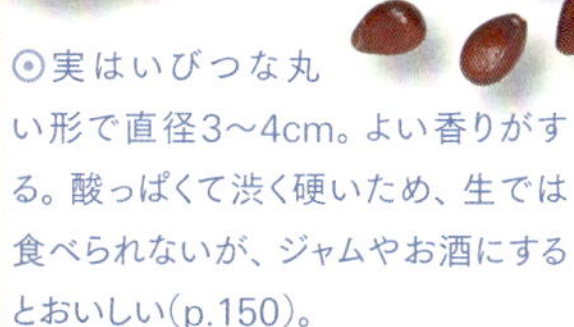

⊙実はいびつな丸い形で直径3〜4cm。よい香りがする。酸っぱくて渋く硬いため、生では食べられないが、ジャムやお酒にするとおいしい(p.150)。

⊙**カリン**はクサボケやボケ(p.150)の仲間。実がごつごつと枝につくようすも似ている。実は長さ15cmほどで、よい香りを放ち、ジャムやお酒を作るためにも利用できる。花はピンクで直径3cm。

Rosa multiflora

ノイバラ

野茨

バラ科／つる性落葉樹／野山／動物散布／花…5〜6月、実…9〜11月

野原や水辺に生える野生のバラ。
枝には鋭いとげがたくさんあり、
うっかり引っかけると血が出ます。
「いばら」とは、とげのある木のこと。
きれいな花にはとげがあるといいますが、
房になってさく花は清らかで美しく、よい香りがします。
秋にはルビーのような美しい実がなり、
ツグミやジョウビタキなどの小鳥が食べてタネをまきます。

⦿初夏に甘く香る花がさく。花は直径約2cm。日本のノイバラは、現代の栽培バラのもととなった野生のバラの1つで、特に花が房になってさく品種をつくりだすのに役立った。

⦿実は直径5〜9mm。萼筒（萼の筒状の部分）がふくらんだ偽果（p.21）で、先端に突き出ているのは雌しべの柱頭、その根元にある輪っかは萼や花びらのついていた跡。中にはタネが1〜12個入っている。このタネは種子そのものではなく、種子がごく薄い果皮に包まれたもの。

モミジイチゴ

紅葉苺

Rubus palmatus

バラ科／落葉低木／野山／動物散布／花…3〜4月、実…5〜7月

⊙早春、白い花が下向きにたれてさく。花は、直径3cmほどで、美しく風情があるが、とげは痛い。下向きの花にハナアブや甲虫はとまれない。脚の力が強く、花にぶら下がることのできる、マルハナバチ限定の花である。

⊙実は直径1.3cmほど。オレンジ色に熟し、甘くておいしい。ラズベリー(p.23)と同じく果床(花床が育った部分)の上に多数の実が集まった集合果(キイチゴ状果)。タネは長さ2mmで植物学的には「核」にあたり、表面に網目状のでこぼこがある。

小さな木になるので木イチゴとも呼ばれます。
日本の野生ラズベリー(p.23)の代表種です。
やぶに茂り、痛いとげが厄介ですが、
おいしい実には人も動物も惹かれます。
一口大で甘くやわらかいので鳥はひなにも運びます。
サルやクマ、テンなどの鋭い歯もタネは無事にくぐりぬけます。
鋭いとげが攻撃的なのとは裏腹に、
おいしい実は友好的に森の鳥や動物と関わっています。

Sorbus commixta

ナナカマド

七竈

バラ科／落葉小高木／野山や公園／動物散布／花…5〜7月、実…10〜11月

⊙初夏、羽状複葉を広げた枝先にこんもりと白い花が集まってさく。花は直径8mmほど。きれいだが、むっとするにおいがある。

原寸

⊙実は直径5〜7mmで、長さ3〜4mmの種子が2〜5個入っている。色や形は小さなリンゴだが、青酸化合物を含み、苦くて食べられない。鳥が一度にたくさん食べないようにするための作戦だ。北国ではこの実を有効利用しようと、苦みを抜く方法が研究されているが、現時点の使い道は果実酒くらいで、まだジャムは作れない。矢印は霜枯れた状態。

北国や高い山に生え、葉の紅葉も見事なので、
公園や街路樹にも植えられます。
秋に真っ赤に熟した実は、霜や雪にあたってしなびた後も
樹の上に残り、鳥が来るのを待ち続けます。
果肉に強烈な苦み物質を含み、人はもちろん、
鳥にもまずい実なのです。
幹が硬く、「七度かまどにくべても燃えつきない」というのが
名前の由来といわれています。

Celastrus orbiculatus

ツルウメモドキ

蔓梅擬

ニシキギ科／つる性落葉樹／野山／動物散布／花…5月、実…11～12月

⊙株に雌雄があり、雄花(上)と雌花(下)をつけるが、ともに黄緑色で直径6mmと小さく目立たない。葉はウメに似ているが、ウメはバラ科。ウメモドキという木もあるが、こちらはモチノキ科。

⊙実は丸く直径6～9mmで、雌しべの柱頭が残る。秋の終わりに黄色く熟すと、実の皮は3つに割れて反り返り、鳥を誘う鮮やかな朱赤のごちそうが出てくる。これは仮種皮と呼ばれる部分で、種子の周りが、油分に富むやわらかなゼリーにくるまれたもの。種子の本体は長さ約3.5mm。

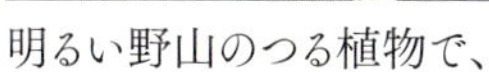

明るい野山のつる植物で、
葉がウメに似ているのでこの名がつきました。
初夏の花は地味ですが、秋には黄色い実が3つに割れて
鮮やかな朱赤が目を引きます。
これは鳥への強烈なアピール。
どうぞ食べてねと誘っているのです。
朱赤のゼリーの中にひそんで待っている種子はなめらかで、
鳥の身体の中を通り抜けやすい形になっています。

Euonymus alatus

ニシキギ

錦木

ニシキギ科／落葉低木／野山や庭園／動物散布／花…5月、実…10～12月

明るい野山に生える低い木で、庭や生垣にも植えられます。
紅葉の美しさを錦にたとえて
「錦木」と呼ばれるようになりました。
秋には昔のランプを連想させるような
かわいい実が枝のあちこちになります。
笠か帽子のように見えるのは、裂けた果皮。
実は熟すと裂け、くるりと巻いたワインレッドの果皮の下に
朱赤の種子をつり下げて鳥のお客を待ちうけます。

⊙花は初夏、6月ごろ。直径6～8mmほどで、黄緑色。4枚の花びらが平べったく広がり十字型に見える。枝にコルク質の翼がある。

⊙果皮は裂けて丸まるとワインレッドに色づき、朱赤の種子をつり下げる。1個の花からピーナッツのような形をした双子の実ができることもあり、その場合は矢印のように帽子の下に2個の種子がつく。種子の外側は油分を含むゼリーのような赤い仮種皮(p.131)に包まれ、これが鳥へのごちそうになる。種子の本体は長さ3～4mm。

⊙枝に翼の出ないタイプをコマユミ(円内)とよぶ。花と実は同じ。

マユミ

Euonymus hamiltonianus

檀

ニシキギ科／落葉小高木／野山や庭園／動物散布／花…5月、実…10〜12月

◉初夏の花は直径1cm、緑白色で目立たない。株によって、雌しべの長いタイプと短いタイプがあり、雌しべの長いタイプの方がよく実をつける。

原寸

◉実は直径1〜1.5cm程度で角ばり、熟すと4つに割れる。タネの半分以上をおおう朱色の部分はゼリーのような半透明の仮種皮(p.131)。油分を含んでいるので鳥が好んで食べる。仮種皮をむくと現れる種子本体は長さ5〜6mm。

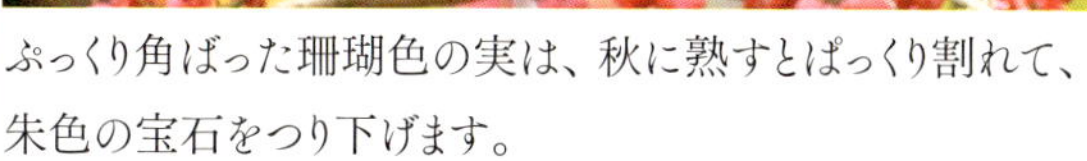

ぷっくり角ばった珊瑚色の実は、秋に熟すとぱっくり割れて、
朱色の宝石をつり下げます。
種子を包んで透ける朱赤の部分は、
木が用意してくれた栄養たっぷりのゼリー。
これが鳥へのごちそうとなり、種子はあちこちに運ばれます。
里山の雑木林に生え、庭木にも植えられます。
幹が柔軟でよくしなるので、
これで弓をつくったのが名前の由来。

Euscaphis japonica

ゴンズイ

権瑞

ミツバウツギ科／落葉小高木／野山／動物散布／花…5月、実…9〜10月

⊙初夏、5月ごろにさく花は黄緑色で目立たない。雌しべのねもとは3つに分かれ、その部分がふくらんで最大3個の袋の形をした実になる。

⊙厚い果皮は赤く色づき、裂けると中から黒い種子が顔を出す。赤と黒の色の組み合わせはとても目立つ二色効果(p.138)となって、鳥の注意を引きつける。黒い種子はおいしそうなベリーのように見えるが、これはフェイク。つやつやしているのは薄く乾いた種皮で、すぐ下は硬い種子。鳥が食べても消化されずに体の外に出てしまう。

同名の他人にゴンズイという海の魚がいますが、
こちらは野山に生える木です。
名の由来は魚のゴンズイではなく、
ミカン科の薬用植物ゴシュユに葉が似ているからです。
秋のゴンズイは赤と黒に美しく色づきます。
赤い袋が裂けると、つやつや光るおいしそうな黒い実が。
ところがこれは植物のつく嘘。
じつは鳥をだます偽ベリーなのです。

ミツバウツギ

三葉空木

Staphylea bumalda

ミツバウツギ科／落葉低木／山／風散布／花…5月、実…9〜11月

⊙ミツバ「ウツギ」といってもウツギ(p.58)の仲間ではなく、ゴンズイ(p.134)と同じ仲間。花は直径約1cmで、半開きの花びらが5枚。よい香りがする。花が散るとすぐ雌しべが縦に裂け(円内)、初心者マークのような形になる。

原寸

山の沢沿いに生える低木で、
春にさく白く清楚な花がすてきです。
夏から冬には、初心者マークの形をした
不思議な紙風船が見られます。
花が終わると、雌しべの上半分が二つに分かれ、
下半分はふくらみ、初心者マークの形になるのです。
冬の強い風を受けて、実は種子を抱いたまま
最初で最後の旅に出ます。

⊙熟して乾いた実。中に1〜7個の種子がある。熟すと口は細く開くが、果皮に細かい横じわがあるため種子は外にこぼれにくい。強風が吹くと実は種子を入れたまま飛ばされる(円内)。種子は長さ約5mmで硬く、つやがある。

Hovenia dulcis

ケンポナシ

玄圃梨

クロウメモドキ科／落葉高木／山／動物散布／花…6月、実…11〜3月

世界で最もキテレツなフルーツは、
この木の実かも知れません。
名は「手ン棒ナシ」のなまったもの。
果軸（実がつく枝）が手の指に見えること、
それがナシに似た食感と味であることからつきました。
そう、食べるのは実ではなく、
不格好な果軸の部分。
熟してドライフルーツになると、枝ごと地面に降ってきます。

⦿花は夏。直径7mmほどの白い花が、たくさん集まって平たくさき、ミツバチなどがやってくる。

⦿写真はドライフルーツのようになった果軸。レーズンのような甘さと香りがある。先端には丸い実がつき、中には硬いタネが3個。実とタネはカサカサに乾いて味はないが、おいしい果軸ごと、まるごとタヌキやテンの胃に入り込もうという作戦だ。

⦿果軸はかならず枝ごと落ちる。そのおかげで落ち葉の下に沈まないので、乾燥したままでいられる。

ハナイカダ

花筏

ハナイカダ科／落葉低木／野山／動物散布／花…4〜6月、実…7〜9月

⊙雄花(上)と雌花(下)。雄花は数個ずつつき、雌花はふつう1個つく。よく見ると、花よりも葉の根元側の葉脈が太い。以前はミズキ科だったが、新しい分類でハナイカダ科になった。

⊙わざわざ花や実を葉の上に置いたのは、実を鳥に見せびらかしたかったからなのか。実はやや平べったく、直径9mmほど。夏から秋に黒く熟し、食べると甘酸っぱくジューシーでおいしい。タネは4個で長さ5mm、やや平べったく表面に網目模様がある。

不思議です、なぜ葉っぱに実がなるのでしょうか？
名は「花筏」で、葉の上に花がのる姿をいかだに見立てたもの。
こんなさき方をするのは、花の柄の部分が
葉の中央の葉脈とくっついているから。
実ももちろん、葉の真ん中にちょこんとのって育ちます。
山の林に生え、姿がおもしろいので
しばしば庭園にも植えられます。
雌雄異株で、実は雌株につきます。

原寸

Clerodendrum trichotomum

クサギ

臭木

シソ科／落葉小高木／野山／動物散布／花…7～8月、実…9～11月

⊙夏に薄紅色の萼から白い花が開く。花は直径約2.5cm、すばらしい香りを放つ。雄しべや雌しべが長く突き出ているのは、大きな羽を広げる蛾やアゲハを待っているから。

原寸

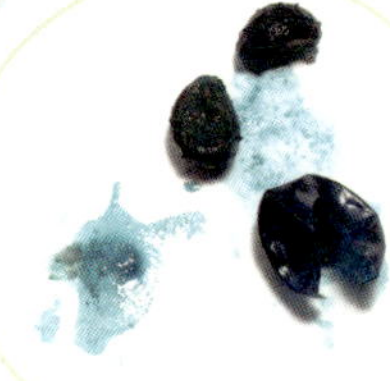

明るい野山に生える木で、
鳥が運んだ種子が芽生えて育ちます。
葉をちぎるとゴマに似た強いにおいがするのが名前の由来。
でも夏にさく花は優美なよい香りがします。
秋には、真っ赤な星の中心に青い宝石が飾られて、
それは美しい天然のブローチ！
赤と濃い紺の色の対比による「二色効果」で
より強く鳥の目を引く作戦です。

⊙秋になると萼は厚くなり、真紅に色づいて直径3cmの星型に開く。その中心に直径7～10mmの実が青く輝く。実をつぶすと中には、青い汁とメロンの四ツ割のようなタネが1～4個。タネは長さ5～6mm。実や萼は草木染めに用いられる(p.142)。

Catalpa ovata

キササゲ

木大角豆

ノウゼンカズラ科／落葉高木／人里や河原／風散布／花…6月、実…11～12月

⊙花は夏の初めにさく。枝先に大きな花序（花の集まり）ができ、直径約2cmの淡い黄色の花をつける。花の内側には黄色と紫の模様がある。

⊙実は太さ約5mm、長さ30～40cmで、数本から数十本が房になってたれさがる。熟すと実は2つに裂け、重なりあっていた平べったい種子が風で飛ぶ。種子の本体は長さ8～13mm、両端に毛の房がのびた姿はカニのようだ。ノウゼンカズラ科の仲間には、両端が毛ではなく薄い大きな翼で、グライダーのように滑空する種子もある。

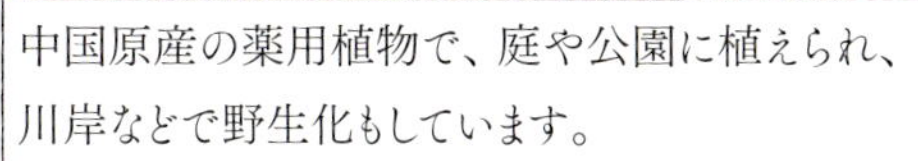

中国原産の薬用植物で、庭や公園に植えられ、
川岸などで野生化もしています。
成長が早く、大きな葉を広げて若いうちから実をつけます。
マメ科のササゲに似た細長い実をつける木なので、
「キササゲ」と名がつきました。
実の内部には平べったい種子がぎっしり。
翼でも冠毛でもない、なんとも中途半端な毛の束をつけて、
種子は風に散っていきます。

Viburnum dilatatum

ガマズミ

莢蒾

レンプクソウ科／落葉低木／野山／動物散布／花…5～6月、実…9～11月

⊙花は初夏にさく。白い小さな花が集まって直径6～10cmの円盤を作る。花はおしっこに似た独特のにおいで虫を呼ぶ。

⊙時々、実の一部が直径約1cm、緑色の謎の毛玉に変身している。これは虫こぶで、若い実にガマズミミケフシタマバエの幼虫が寄生してできたもの。

⊙実は長さ6～8mmの少し平べったいしずく型。中には硬いタネが1個。やや平べったいタネには表裏があり、片面はすじが1本、もう一方にはすじが2本通っている。

雑木林の低い木。実は酸味が強いものの食べることができ、
霜にあたると甘みを増します。
鳥が実を食べてタネを運びますが、
果肉には芽が出ないようにする物質が含まれているので、
鳥のおなかの中で果肉をきれいにはがされた
タネだけが芽を出すようになっています。
親木の真下でタネが芽を出しても、
競争してしまうだけですからね。

第3章 木の実草の実いろいろ

1 木の実で色がつく

布や紙を染めてみよう
草木染め

柿渋染め。カキの緑色の未熟な実をつぶして柿渋を作る。昔は柿渋を防水塗料としても使った

ハンノキの果穂に、ツバキの枝を燃やした灰を加えて染めた

クサギの青い実で、きれいな水色に染めてみよう!

【用意するもの】

- 萼(がく)を取って洗ったクサギの実(生地(きじ)の重さの約2倍)
- 白い絹のスカーフ

【方法】

1. クサギの実がひたるくらいの量の沸騰(ふっとう)したお湯にクサギの実を入れ約20分間弱火で煮(に)る
2. 1の実をつぶさないようにして布で濾(こ)した中にスカーフをひたす
3. 火を消して2〜3時間置いておく
4. スカーフを水ですすぎ、乾かせばできあがり

草木染めをした絹のスカーフ。左から順に、アカネの根、クリの皮、シラカシのドングリ、アイの葉、オニグルミの実、ハンノキの果穂(かすい)、クサギの実で染めたもの

食べ物が染まる
着色料

パプリカ色素
ピーマンやトウガラシの赤い色素。
缶詰、お菓子などに使う

クチナシ色素
クチナシの実の黄色い色素。
タクアン、きんとん、お菓子などに使う。
写真右は干した実

アナトー色素
ベニノキの種子からとれる赤い色素。
ソーセージ、たれ、お菓子などに使う

ブドウ色素
ブドウの皮からとれる赤紫色の色素。
清涼飲料水、キャンディー、
ジャムなどに使う

食べ物をおいしく見せるために着色料が使われる。
商品のパッケージには原材料のほかに
着色料も記してあるので探してみよう。
写真の食品には全て、クチナシ色素が使われている

2 実やタネを使ったもの

私たちの生活の中で身近に使われている実やタネを探してみよう。

油（オイル）

◉鳥や動物に食べてもらうため、また芽の成長に使うエネルギー源として、実や種子は油を貯えている。私たちは実や種子をしぼって油をとり、食用油、化粧品、薬などに利用している。

オリーブ

地中海沿岸原産。果肉から採れる油は香りがよく、イタリア料理に欠かせない

ツバキ(p.53)

日本原産。硬い殻の種子から採れる椿油は、整髪油や化粧品に用いられる

ゴマ

遠い昔、シルクロードを経て日本に来た。種子を食べ、油をしぼって中華料理などに使う

アブラナ（ナタネ、ナノハナ）

種子をしぼって食用油（キャノーラ油）とされるほか、最近はバイオ燃料にも使われる

ロウ

◉ロウも油脂の一種で常温では固まっている。植物性のロウはろうそくのほか、ぬり薬やポマードなどに用いる。

和ろうそく

ハゼノキのロウでつくった、日本の伝統的な手作りろうそく

ハゼノキ

果肉の部分にロウを含む。実を蒸してロウを採る

ナンキンハゼ(p.69)

種子の表面を白いロウが厚くおおう。昔はロウを採った

薬

◉植物がつくり出す成分は昔から薬として利用されてきた。
◉漢方薬や健康食品、最近では最先端の薬の原料としても注目されている。

クコ(p.107)

干した実を生薬とし、料理にも入れる。ヨーグルトのトッピングにも。滋養強壮、老化防止など

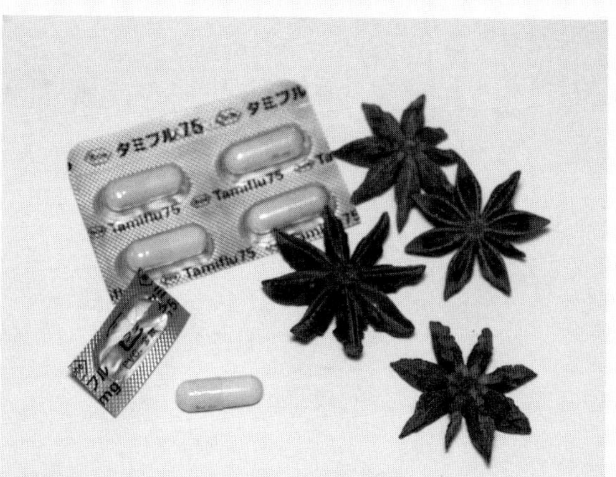

八角(ハッカク)

トウシキミの実で独特の香りがあり、
中華料理のスパイス。
インフルエンザ用の薬、タミフルの材料となった

ナツメ

生で食べるとリンゴの味。
乾燥品をお菓子や薬膳料理に入れる。
老化防止、リラックス効果など。
種子も生薬になる

マタタビの虫こぶ(木天蓼)

マタタビ(p.126)のつぼみに生じる
虫こぶ。アルコールに漬けたお酒は
滋養強壮、冷え症などに
効くという

サンシュユ

秋に赤く熟す実は少し渋くて
甘酸っぱい。
果肉を干して生薬にし、煎じて、
めまいや耳鳴りなどに用いる

ウメ

梅干しは日本独自の健康食品。
完熟直前の青い実を塩漬けにした後、
干して作る。中国ではくん製にした
黒い実を薬にする

3 実やタネで遊ぼう

いろいろなタネで遊んでみよう！

はねる！

ジャノヒゲ

ジャノヒゲの実の青い皮をむき、
中の白いタネを取り出して
投げつけると、ポーン！
高く弾みあがるよ！

音が鳴る！

ナズナ

ナズナの実を１個ずつ
切れない程度に引き下ろし、
耳元でゆらすと、シャラシャラ…、
やさしい音が鳴るよ

色が出る！

ヨウシュヤマゴボウ

ヨウシュヤマゴボウの実をつぶして
色水を作ってみよう。
きれいな赤紫色の絵の具ができるよ！

くっつく!

野山を歩くと服にくっつく「ひっつきむし」のタネ。
虫眼鏡でのぞくと、わぁ、鋭いとげやカギ針にびっくり!

原寸

イノコヅチ

苞がヘアピンのように
毛や繊維にからみつく

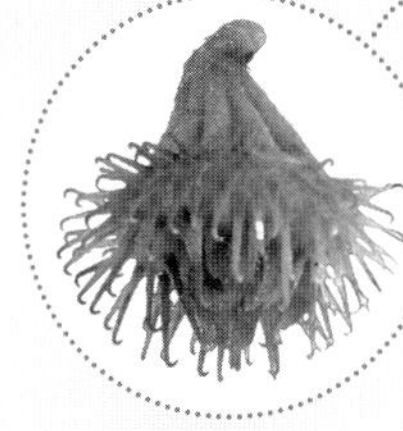

原寸

キンミズヒキ

三角コーンの下側に
カギ針のスカートが並ぶ

原寸

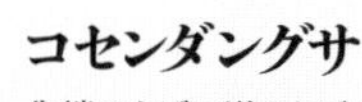

コセンダングサ

先端のとげに逆さとげが
あってつきささる

原寸

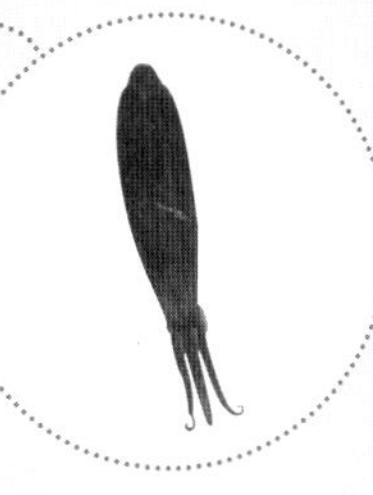

ハエドクソウ

3本のとげの先は
くるりと曲がった
カギ針だ

原寸

オオオナモミ

鋭いカギ針でくっつく。
投げっこして遊ぼう

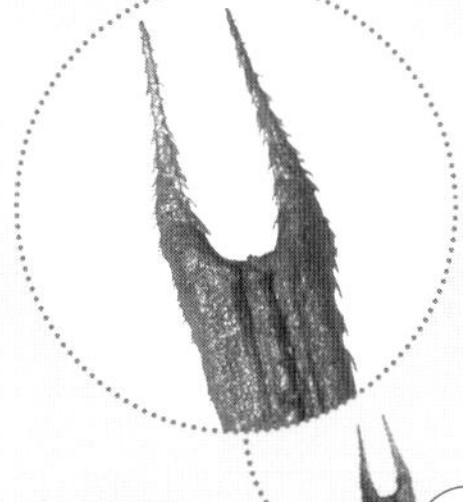

原寸

タウコギ

2本のとげには細かい逆さ
とげがいっぱい!

原寸

ミズヒキ

雌しべの先が
カギ針になって
服に引っかかる

原寸

ダイコンソウ

集合果がばらけ、
精巧なカギ針の実がくっつく

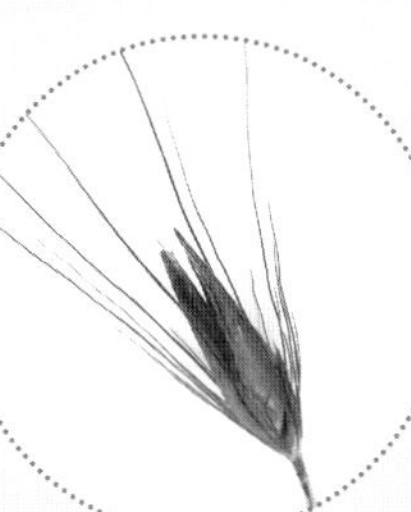

原寸

チカラシバ

軸のねもとに逆毛があり、
ささると抜けない

4　実やタネを集めよう

個性豊かなタネはコレクションにぴったり！

❶拾おう

◉タネを見つけたら、拾ってみよう。手に取って、投げてみたり、なでてみたり。いくつかは持ち帰って、コレクションに加えよう。葉も拾っておくと、名前を図鑑で調べやすい。

❷持ち帰ろう

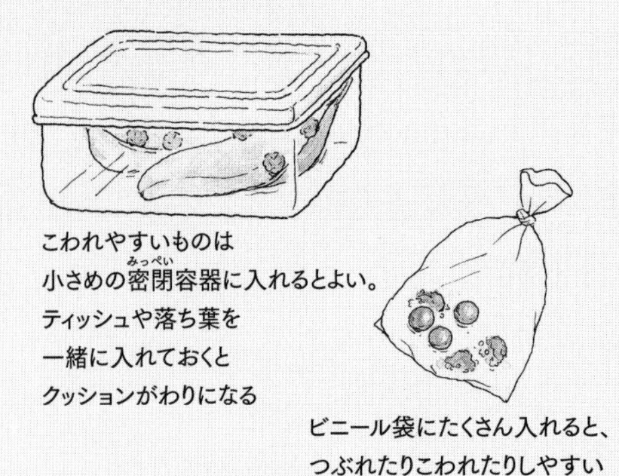

◉タネを探すときには入れ物を持っていこう。ビニール袋は便利だが、中に入れたタネがこわれやすいので注意。大きさのちがう、タッパーのような密閉容器がいくつかあると便利。

❸持ち帰ったら……

◉持ち帰ったタネを整理しよう。乾かして保存したいものは、袋や容器から出して広げて乾かそう。入れたままにしておくと、カビが生えたり腐ったりしてしまう。

◉鳥が食べる実などは、乾かす前に、果肉の中のタネを取り出しておこう。

❹持ち帰ったら……ドングリの場合

◉ドングリは、ゆでるか、凍らせてから乾かすとよい。シギゾウムシの幼虫が中に入っていることが多いので、そのままにしておくと、穴をあけて出てきてしまうからだ。逆にドングリの木を育てたいときは、乾かさずに水で洗って袋に入れ、春まで冷蔵庫で保管してからまいてみよう。

❺コレクションしよう

◉タネが完全に乾いたら標本にしよう。種類ごとに袋や容器に入れ、植物の名前、拾った年月日、場所がわかるようにする。

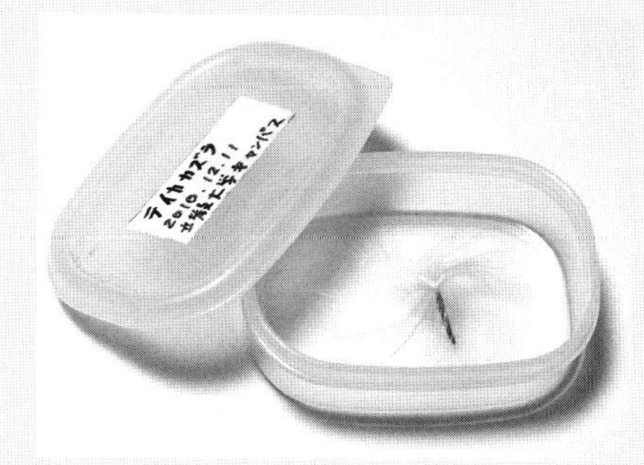

こわれやすそうなタネは
密閉容器に入れて保存する

標本を入れた袋は
密閉容器やチャックつきのビニール袋に、
防虫剤や乾燥剤と一緒に入れる

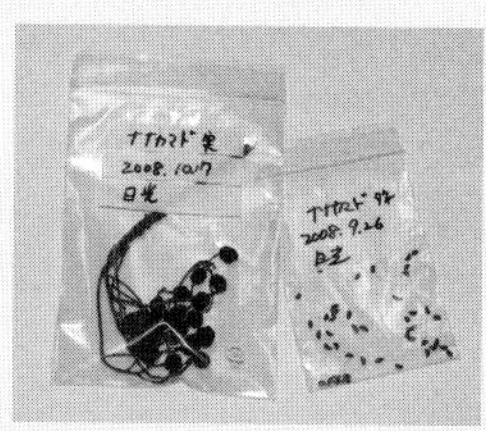

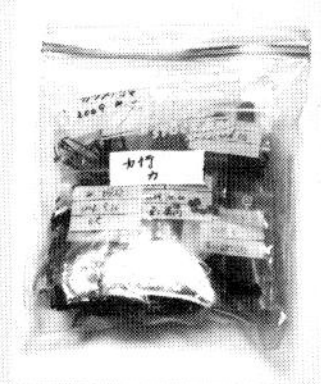

集めて並べて、**ミニ・ミュージアム!**

楽しく拾った木の実たち。集めて空き箱に並べてみたら、なんだか博物館に来たみたい!
わたしの「ミニ・実に・ミュージアム」、なんちゃって!
コレクションの楽しさに加え、実やタネの実物が手元にあれば、
手にとってよく見たり、飛ばす実験をしたり、比べたり、もう一度確かめることもできます。
どうなるのかな? やってみよう! わくわくする気持ちが、科学の世界のドアをあけるカギなんです!

5 木の実の香りを楽しもう

ボケの実とジャム

【ジャムを作ろう】

◉クサボケやボケやカリンの実は、熟すとよい香りがする。生では食べられないが、煮(に)るとおいしいジャムになる。

◉秋、果実からよい香りがしてきたら、収穫してジャムを作ってみよう。

作り方

❶皮をむいて芯(しん)を取り、小さく刻む
❷ひたひたになるぐらいの水でやわらかくなるまで煮る
❸果肉と同じ重さの砂糖を加える
❹とろりとするまで煮れば完成

香りを楽しめる木の実

ホップの果穂(かすい)とタネ。若い果穂にはさわやかな香りと苦みがある。ビールの原料

クサボケの実。
机に置いて香りを楽しむ。
ジャムや果実酒も作れる

スダチの実。ユズ(p.22)と同じように、果汁(かじゅう)や皮を料理にそえて、香りと酸味を楽しむ

マツの仲間やスギの若い球果(きゅうか)を部屋に置くと、森の香りが漂(ただよ)う。写真はテーダマツ

海岸植物のハマゴウの実。
実はローズマリーに似た香りがする。
ポプリに使える

サンショウの実。果皮に
香りと辛みがあり、スパイスにする。
ウナギ料理につきもの

6 おいしいナッツ

ナッツの仲間は油脂を含んで栄養価が高く、保存もできる。
そのままでも、お菓子やパンや料理に入れても、おいしく食べられる。

アーモンド、ピスタチオ、クルミ、干しイチジクなど、
さまざまな木の実を使ったトルコのお菓子

カシューナッツはブラジル原産のウルシ科の木。
樹の上(右)では、ふくらんだ柄(え)の先に硬い殻(から)の実がたれて実り、
殻を割った中身を食べる。
柄の部分も赤く熟すとリンゴに似て甘く、食べられる

アーモンドの硬い殻(左)と
中身のナッツ(右)。
花はサクラに、実はウメに似ている

マカデミアの実(左)と
硬い殻のタネ(中)とナッツ(右)。
オーストラリア原産

セイヨウハシバミ(ヘーゼルナッツ)の
硬い殻の実(左)と中身(右)。
ツノハシバミの仲間で、お菓子などに使う

ラッカセイ(ピーナッツ)の
殻つきの実(左)と中身のナッツ。
南アメリカ原産のマメ科の草で、
地面にもぐって実が育つ

ピーカン(ペカン)の
殻つきの実(左)と中身。
北アメリカ原産のクルミ科で、
ちょうど殻の薄いクルミのよう

ピスタチオの殻つき(左)と中身(右)。
地中海地方原産のウルシ科で、
殻を割って
緑色のナッツを食べる

7　世界の実やタネ

世界には不思議なタネがいっぱい！
どんなタネがあるでしょう？

ヒッコリー

クルミ科のナッツ。
ネズミやリスが運ぶ。
殻のついた実は
直径3cm

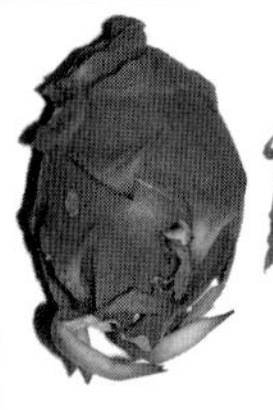

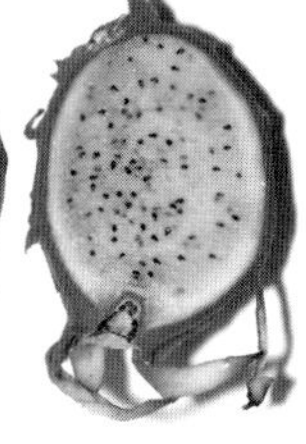

ドラゴンフルーツ

サボテン科の赤くて甘い果実。
フルーツコウモリが食べてタネをまく。
直径10〜15cm

キバナツノゴマ

別名「悪魔の爪」。
5〜7cmの巨大なとげで
動物の足に食い込み、
運ばれる

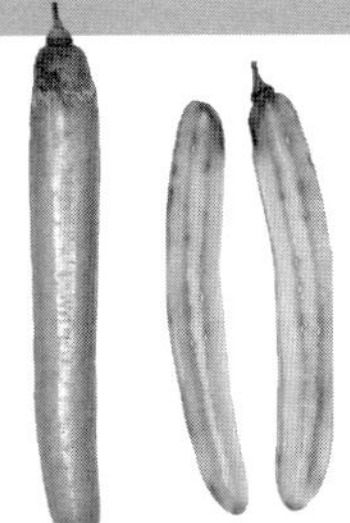

ロウソクノキ

木の幹から
ロウソクによく似た
黄色い実がたれて、
甘く香る。
大きいものでは
長さ120cmになる

ユーカリの仲間

オーストラリア固有の植物で
500種類以上あり、
実の形も大きさもさまざま

バンクシア

大きな集合果。
実は山火事で燃えると
口を開いてタネをまく。
縦の長さは10cmほど

ヨーロッパナラ

ヨーロッパの森の代表種で、
樹齢1000年を越す大木に育つ。
ドングリの長さは3cmほど

モダマ

長さ1mもある巨大な
豆のさやは分解して海を漂い、
遠くの浜辺に流れ着く。
アフリカからアジアにかけて
熱帯～亜熱帯に広く分布

ヤツデアオギリ

大きな赤い実が裂けて開くと、
黒い種子がのぞく。
実はひとつ7～10cm

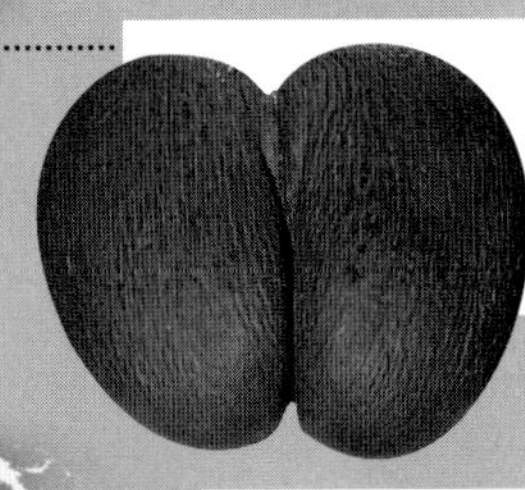

フタゴヤシ

世界で一番大きな種子。
最大で直径30cm、
重さ20kgになる

フタバガキの仲間

ジャングルの巨大な木。
実は羽で回転する。
羽も含めて10～20cm

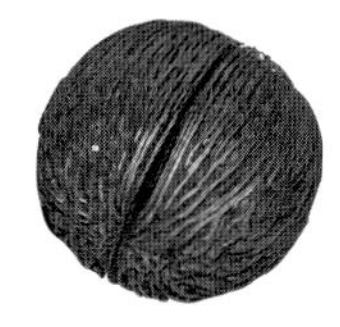

ケルベラ・オドラン（オオミフクラギ）

タネは直径10cm。
海の流れにのり、
何千kmも旅をする

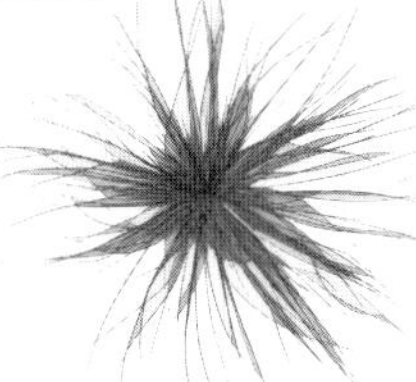

ツキイゲ

亜熱帯の砂浜に生え、
果序は風にころがりながら
タネをまく。
果序の直径は30cm

ドリアン

おいしいが悪臭がある。
森では
オランウータンが食べる。
直径20cm

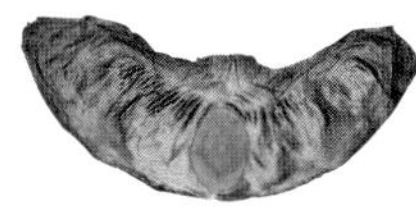

アルソミトラ

熱帯雨林のつる植物。
翼の幅は15cm。
タネは100mも空を飛ぶ

索引

あ

アーモンド……14, 151
アイ……142
アオキ……6, 91
アオギリ……11, 80, 81
アカガシ……15, 37
アカシデ……11, 34
アカネ……142
アカマツ……13, 31
アカメガシワ……8, 68, 112
アキグミ……6, 88
アケビ……125
アセビ……12, 59
アブラナ……144
アベリア……123
アラカシ……15, 37
アルソミトラ……17, 153
イイギリ……6, 89
イスノキ……10, 84
維管束……22, 23
イチゴ……23
イチジク……24, 118
イチョウ……9, 28
イヌシデ……11, 34
イヌビワ……8, 118
イヌマキ……7, 29
イノコヅチ……16, 147
イロハカエデ……11, 73
羽状複葉……70, 75, 130
ウツギ……12, 58, 59, 135
ウバメガシ……15, 37
ウメ……145
液果……21, 22
エゴノキ……14, 94, 95
エゴノネコアシ……94
エノキ……6, 38
エンジュ……9, 65
オオオナモミ……16, 147
オキナワウラジロガシ……15, 37
雄しべ……20
オニグルミ……14, 114, 142
オヒルギ……10, 115
オリーブ……144

か

外果皮……21, 22, 23
カキ……21, 25, 142
萼……20
核果……21
殻斗……24, 36
萼筒……20, 128
萼片……20, 21, 22, 23
花糸……20
果軸……43, 136
カシューナッツ……14, 151
仮種皮……131, 132, 133
花序……24, 56, 74, 139
果序……153
花床……20, 23
果床……23
カシワ……15, 37
花穂……34
果穂……34
花托……20
花柱……20, 24
果皮……24
花弁……20
ガマズミ……6, 110, 140
カヤ……14, 32
カリン……9, 127, 150
キウイ……22, 126
偽果……23
キササゲ……13, 139
キバナツノゴマ……17, 152
球果……30, 31
キリ……12, 108
ギンナン……28
キンミズヒキ……16, 147
クコ……6, 107, 145
クサギ……7, 138, 142
草木染め……138, 142
クサボケ……9, 127, 150
クスノキ……8, 42
クチナシ……6, 105, 143
クヌギ……15, 36
クリ……24, 142
クロガネモチ……6, 78, 79
クロマツ……13, 30
クロヨナ……10, 115
クワ……8, 119

ケヤキ……11, 55
ケルベラ・オドラン……10, 153
堅果……24, 36
ゲンノショウコ……10, 67
ケンポナシ……13, 136
コセンダングサ……16, 147
コナラ……15, 37
コブシ……6, 40
コマユミ……132
ゴマ……144
コムラサキ……9, 106
ゴンズイ……7, 134, 135

さ

サキシマスオウノキ……10, 115
サクラ……20
サクランボ……21
サネカズラ……6, 124
サポニン……65, 75, 94
サルスベリ……12, 90
サルナシ……9, 126
サワラ……13, 31
サンゴジュ……7, 110
サンシュユ……145
サンショウ……8, 150
シナノキ……11, 74
シナマンサク……10, 67
子房……20
ジャノヒゲ……9, 146
シャリンバイ……9, 64
雌雄異株……28
集合果……23, 24
種髪……81
種皮……24, 25
種鱗……30, 31
シュロ……8, 111
子葉……24, 25
ショレア……17, 153
シラカシ……15, 37, 142
シラン……12, 59
スギ……13, 31, 32
スダジイ……15, 37
スダチ……150
スミレ……10, 67
セイヨウタンポポ……81
セイヨウトチノキ……14, 76, 95
セイヨウハシバミ……14, 117, 151
センダン……9, 71
センリョウ……6, 52, 103
痩果……23
総苞……92
ソメイヨシノ……20
ソヨゴ……6, 79

た

ダイコンソウ……16, 147
タウコギ……16, 147
タチバナモドキ……6, 63
タブノキ……8, 43
チカラシバ……16, 147
着色料……143
チャノキ……14, 95
中果皮……21, 22, 23
柱頭……20
ツキイゲ……17, 153
ツクバネ……12, 122
ツクバネウツギ……12, 123
ツノハシバミ……14, 117
ツバキ……142, 144
ツルウメモドキ……6, 131
テーダマツ……150
テイカカズラ……12, 81
トウカエデ……11, 73
トウガラシ……143
トウグミ……6, 88
トウシキミ……145
トウネズミモチ……8, 104
トチノキ……14, 76, 77
トベラ……7, 62
ドラゴンフルーツ……16, 152
ドリアン……16, 153
ドングリ……26, 36, 37, 95, 117, 148, 152

な

内果皮……21, 22, 23
ナガミヒナゲシ……12, 59
ナズナ……146
ナッツ……32, 94, 95, 117, 151
ナツメ……145
ナナカマド……7, 130
ナラガシワ……15, 37
なり年……26
ナワシロイチゴ……23
ナンキンハゼ……13, 69, 144
ナンテン……7, 45
ナンバンギセル……12, 59
ニシキギ……7, 132
二色効果……119, 134, 138
ニセアカシア……112
ニワウルシ……11, 70
ネズミモチ……8, 104
ノアザミ……13, 81
ノイバラ……7, 128
ノウゼンカズラ……11, 81

は

胚……25
胚軸……25
胚珠……20
胚乳……25
ハエドクソウ……16, 147
ハス……10, 85
ハゼノキ……8, 69, 72, 144
八角……145
ハナイカダ……8, 137
ハナゾノツクバネウツギ……12, 123
ハナミズキ……7, 92
パプリカ……143
ハマゴウ……10, 150
ハルニレ……12, 81
バンクシア……17, 152
ハンノキ……12, 116, 142
ピーカン(ペカン)……14, 151
ピーナッツ……14, 151
ピーマン……143
ヒイラギナンテン……9, 44
ヒサカキ……8, 54
ヒシ……10, 115
ピスタチオ……14, 151
ヒッコリー……14, 152
ヒノキ……13, 31
ヒマラヤスギ……13, 31
ヒヨドリジョウゴ……107
ピラカンサ……7, 63
ビロードモウズイカ……12, 85
フウ……11, 60
風媒花……35, 55, 60, 116, 117

フジ……10, 66
フタゴヤシ……17, 153
フタバガキ……17, 153
ブドウ……143
ブナ……15, 26, 95
プラタナス……56
ヘーゼルナッツ……117, 151
ベニノキ……16, 143
苞……34, 74, 117
ホウセンカ……10, 67
ボケ……127, 150
ボダイジュ……11, 74
ホップ……11, 150

ま

マカデミア……14, 151
マタタビ……9, 126, 145
マツボックリ……30, 31, 116
マテバシイ……15, 37
マユミ……7, 133
マロニエ……95
マングローブ……115
マンリョウ……7, 52, 103
ミズナラ……15, 26
ミズヒキ……16, 147
ミツデカエデ……11, 81
ミツバアケビ……9, 125
ミツバウツギ……11, 135
ムクノキ……8, 35
ムクロジ……13, 75
虫こぶ……84, 91, 94, 140, 145
ムラサキシキブ……9, 106
雌しべ……20
メマツヨイグサ……12, 85
木天蓼……145
モダマ……10, 153
モチノキ……7, 78, 104
モミジイチゴ……9, 129
モミジバスズカケノキ……11, 56
モミジバフウ……11, 60

や

やく……20
ヤツデ……8, 102
ヤツデアオギリ……17, 153
ヤドリギ……9, 120
ヤブツバキ……14, 53
ヤマグワ……8, 24, 119
ヤマボウシ……7, 92, 93
ヤマモモ……7, 33
ユーカリ……17, 152
ユズ……22, 150
ユリノキ……11, 39
ヨーロッパナラ……15, 153
幼芽……25
ヨウシュヤマゴボウ……8, 146
翼……81

ら

ラズベリー……23, 129
ラッカセイ……25, 151
ランナー……112
リンゴ……23
リンゴツバキ……53
ロウソクノキ……17, 152

わ

和ろうそく……72, 144

あとがき

動けない植物は、種子の形で旅をします。母植物は、種子に栄養分のお弁当を持たせると、そのまま、または実という容器に入れて、翼をつけたり浮きをつけたり、あるいはきれいな果皮やおいしい果肉でくるんだりして、送り出します。そうやって、風や水の力を利用したり、動物にわざと食べられたりしながら、お母さんの木から離れた別の場所へと、種子は旅立っていくのです。

この図鑑では、みなさんが実際に手にとってよく観察できるよう、家の近所や公園で見られる植物や里山の植物を紹介しました。写真をヒントに探してみてください。私も実や種子を集めて、わくわくしながら写真を撮ったり、切ったり飛ばしたり数えたり長さを測ったりしています(本書に書いたことの大部分は私自身の計測や経験に基づいています)。自分の目で見ること・やってみること、それは科学の世界の入口です。みなさんも、楽しく遊びながら植物の巧みなつくりやびっくりするようなしくみの数々に目を輝かせてくださいね！　そして花のその後や、種子たちの冒険の旅も見守ってくださいね！

末尾になりましたが、楽しいイラストを描いてくださった江口あけみさま、イガ栗やサクランボなど果物の断面を何度も撮りなおしてくださった北村治さま、文一総合出版の志水謙祐さま、JST(科学技術振興機構)「サイエンス・ウィンドウ」の佐藤年緒さま、小原流「挿花」の上田佐津子さま、「ビッグイシュー」の水越洋子さま、福音館書店、山と渓谷社(順不同)、ジーグレイプのみなさま、有形無形にお世話になった皆様に心よりお礼申し上げます。

著者 **多田多恵子**

執筆・写真

多田 多恵子

ただ・たえこ

東京都生まれ。東京大学大学院博士課程修了。理学博士。立教大、東京農工大、国際基督教大学講師。植物の生き残り戦略、虫や動物との関係を、いつもワクワク追いかけている。

著書に『身近な草木の実とタネハンドブック』(文一総合出版)、『葉っぱ博物館』『街路樹の散歩みち』(山と溪谷社)、『種子たちの知恵』(NHK出版)、『したたかな植物たち』(SCC)、『びっくりまつぼっくり』(福音館書店)、『図鑑NEO　花』(小学館)、『野に咲く花の生態図鑑』(河出書房新社)など多数。

編集協力

ジーグレイブ株式会社

デザイン・DTP

桜井雄一郎

デザイン・DTP協力

大河原 哲

イラスト・図版

江口あけみ

装丁

柿沼みさと

写真提供

北村治(果実の断面写真)、澤田和美(カシューナッツ)、鈴木晴美(ベニノキ)、筒井千代子(ブナ)

資料提供

石田厚、川内野姿子、草原真知子、近藤堯子

取材協力

東京大学大学院理学系研究科附属植物園(小石川本園・日光分園)、北区自然ふれあい情報館、美濃加茂市民ミュージアム、広瀬美恵子

主な参考文献

『身近な草木の実とタネハンドブック』多田多恵子 著(文一総合出版)、『種子たちの知恵』多田多恵子 著(NHK出版)、『植物の生態図鑑』多田多恵子・田中肇 著(学研教育出版)、『写真で見る植物用語』岩瀬徹・大野啓一 著(全国農村教育協会)、『改訂新版・日本の野生植物1-3』大橋広好 他著(平凡社)、『樹に咲く花　1-3』茂木透 ほか著(山と溪谷社)、『草木染』山崎和樹 著(山と溪谷社)、『図説植物用語辞典』清水建美 著(八坂書房)、『高等植物分類表』邑田仁・米倉浩司 著(北隆館)、『種子はひろがる』中西弘樹 著(平凡社)

大人（おとな）のフィールド図鑑（ずかん）
原寸（げんすん）で楽（たの）しむ　身近（みぢか）な木（き）の実（み）・タネ
図鑑（ずかん）&採集（さいしゅう）ガイド

2017年3月13日　初版第1刷発行
2021年3月27日　初版第3刷発行

著者……………多田（ただ） 多恵子（たえこ）
発行者…………岩野裕一

発行所…………株式会社 実業之日本社
〒107-0062　東京都港区南青山5-4-30　CoSTUME NATIONAL Aoyama Complex 2F
電話(編集) 03-6809-0452
　　(販売) 03-6809-0495
https://www.j-n.co.jp/

印刷所・製本所……大日本印刷 株式会社

ISBN 978-4-408-45628-7（第一趣味）